U0256632

"十四五"国家重点出版物出版规划项目

基础科学基本理论及其热点问题研究

基础科学
Basic Science

化定丽◎著

二维切换系统的
稳定性与耗散性综合研究

A Synthesis Study on the Stability and Dissipativity of 2D Switched Systems

中国科学技术大学出版社

内 容 简 介

二维系统是控制系统中一个重要的学科分支.本书系统地介绍了二维系统的研究背景和研究现状,给出了二维离散系统的有限区域耗散性、二维离散切换系统的耗散控制、有限区域控制和H_∞控制等的充分条件,以及控制器设计方法.

本书内容新颖,条理清晰,适合从事切换系统控制问题研究的科研人员、工程技术人员及高校相关研究教师、研究生的参考用书.

图书在版编目(CIP)数据

二维切换系统的稳定性与耗散性综合研究 / 化定丽著. -- 合肥 :中国科学技术大学出版社,2025. 3. -- ISBN 978-7-312-06189-9

Ⅰ. TP273

中国国家版本馆 CIP 数据核字第 2025NQ5441 号

二维切换系统的稳定性与耗散性综合研究

ERWEI QIEHUAN XITONG DE WENDINGXING YU HAOSANXING ZONGHE YANJIU

出版	中国科学技术大学出版社
	安徽省合肥市金寨路96号,230026
	http://press.ustc.edu.cn
	https://zgkxjsdxcbs.tmall.com
印刷	合肥华苑印刷包装有限公司
发行	中国科学技术大学出版社
开本	710 mm × 1000 mm 1/16
印张	9.25
字数	180 千
版次	2025 年 3 月第 1 版
印次	2025 年 3 月第 1 次印刷
定价	50.00 元

前　　言

随着现代工业、社会经济和计算机技术的迅速发展, 许多系统和信号需要用多变量、多维度来刻画, 如地震数据处理、热过程处理、水流加热过程, 化学方面的 X 射线谱分析、CT 图像分析, 多维数字图像的综合处理, 卫星气象云图的分析, 地震监测中的地震波图分析, 机械加工中的探伤检测, 环保检测中的大气污染、水域污染, 以及国防与航空航天领域的导航、制导、监测等. 由于被控对象具有不同的特性, 许多系统的信号会沿不止一个方向传播, 此时经典的控制理论在这些系统的研究中会有很大的局限性. 因此, 多维系统和信号的理论与应用研究已逐渐成为热点课题. 特别地, 二维 (Two-Dimensional, 2D) 系统与实际问题的建模有着密切的联系, 已成为控制系统理论的一个具有强大生命力和发展潜力的学科分支. 现有的 2D 系统理论研究的很多成果是与非切换系统 Lyapunov 稳定性相关的. 但是在很多工程应用中, 为了满足实际需求, 可能要求系统在有限区域内满足特定的性能, 也可能要求系统在不同的子系统之间进行切换.

本书针对 2D 切换系统研究成果匮乏的实际问题, 如 2D 离散系统的有限区域控制、2D 离散切换系统的耗散控制等问题, 提出了 2D 系统的耗散性和 H_∞ 性能的充分性判别条件, 并设计了反馈控制器. 全书共分 6 章. 其中, 第 1 章较为全面地介绍了 2D 切换系统的研究背景、稳定性和耗散性的研究现状. 第 2 章针对 2D 离散系统, 提出有限区域耗散性定义, 并结合斜割直线方法, 得到 2D Roesser 模型有限区域耗散状态反馈控制器的设计方法. 第 3 章针对 2D 离散切换系统, 提出三角形区域上的耗散性定义, 并结合驻留时间依赖方法, 建立了求解耗散控制器增益的充分可解性条件. 第 4 章针对子系统模态和相应的控制器模态之间可能出现的异步现象, 提出了 2D 离散切换系统的有限区域异步切换镇定和 H_∞ 控制的充分条件. 第 5 章针对两类 2D 离散切换系统, 借助最大最小驻留时间方法, 得到从物理角度上看, 优于现有加权形式的非加权 H_∞ 性能的充分条件. 第 6 章使用平均驻留时间方法, 建立了 2D 离散切换系统事件触发控制的充分条件. 第 7 章对全书的研究工作进行了总结, 并指出了今后进一步的研究方向.

本书是著者博士期间研究工作的延伸和拓展. 本书反映的 2D 系统的研究工作进展, 只是控制系统领域的一部分. 由于著者的学术水平、研究深度有限, 书中疏漏和不妥之处在所难免, 希望广大读者批评和指正.

化定丽

2025 年 1 月

目　　录

第 1 章　绪　　论

本章主要对二维 (Two-Dimensional, 2D) 离散系统与切换系统的研究背景, 以及 2D 离散系统与 2D 离散切换系统的研究现状进行分析, 并进一步介绍本书的主要工作.

1.1　2D 切换系统的研究背景

在实际的工业工程应用中, 如在多维数字滤波器、多变量网络实现、多维数字图像综合处理、X 射线图像增强、地震数据处理、热过程处理、水流加热过程等工程领域中, 由于被控对象具有不同的特性, 许多系统的信号会沿不止一个方向传播, 此时经典的控制理论在这些系统的研究中会有很大的局限性. 人们需要处理越来越多的多变量系统及多维信号.[1-2] 自 20 世纪 70 年代初, 美国学者 Roesser 将一维 (One-Dimensional, 1D) 状态变量的描述方法引入 2D 图像处理系统中, 提出了著名的 2D Roesser 状态空间模型[3]后, 以 2D 系统为代表的多维系统得到了空前的发展.

2D 系统与实际问题的建模有着密切的联系, 并且已经成功地应用于诸如迭代学习控制、金属轧制、图像处理、信号滤波、热能工程等领域. 正是因为 2D 系统在这些领域中的应用为其理论研究提供了深刻的工程物理背景, 2D 系统理论成为控制系统理论中一个具有强大生命力和发展前景的学科分支. 在 2D Roesser 模型被提出以后, 不同的 2D 状态空间模型也相继被提出[4-5], 如 Fornasini 与 Marchesini 提出的 FM(Fornasini-Marchesini) 模型[6]、Attasi 提出的 Attasi 模型[7]、Kurek 提出的一般模型[8]等. 最初建立的 2D 模型是 2D 离散状态空间模型. 随着 2D 系统理论研究的不断发展, 2D 连续状态空间模型、2D 连续–离散状态空间模型等相继被提出. 在过去的几十年里, 2D 系统被深入且广泛地研究, 获得了十分丰硕的成果.[9-15]

在实际中, 多数系统的特性可能很复杂. 它们不是单一的连续或离散时间行为, 也不是由单一离散时间动态构成的. 这些复杂的系统可能同时包含控制、执行及决策等行为. 对于这类系统, 经典的控制理论中常用的微分方程或差分方程已经不足以拟合它们的特性, 因此, 为了更好地拟合实际的系统, 引入了一个新的概念——混杂系统. 混杂系统是一类复杂的动态系统, 这类系统是由决策变量和有限数量个动态子系统受决策变量的作用与控制而混合的一种综合动态系统. 在过去的几十年里, 这类系统同样受到了国内外学者的广泛关注.[16]

切换系统 (Switched Systems) 是一类重要的混杂系统. 它是一类与理论分析有着紧密联系, 并且可以拟合部分实际系统特性的混杂系统. 切换系统是由有限个子系统及切换律产生的切换信号组成的.[17] 这些子系统可以是连续时间子系统, 也可以是离散时间子系统, 并且在某个时刻有且仅有一个子系统运行, 具体是哪个子系统在运行, 则由切换律决定. 切换律 (切换策略、切换规则) 负责生成切换信号, 并决定子系统间的往复切换动作, 从而协调整体系统的运行. 切换规则在切换系统中有着至关重要的作用, 切换规则不同, 将得到完全不同的系统动态性能. 例如切换系统的每个子系统均稳定时, 在某个切换规则下, 系统可能是不稳定的; 而切换系统的某几个子系统均不稳定时, 在特定的切换规则下, 系统也可能是稳定的. 切换规则主要有驻留时间依赖的切换律和状态依赖的切换律.

切换系统在自然科学、工程学与社会科学等领域有大量应用[18-21], 如化工过程、计算机控制系统、网络控制系统及切换电路等. 多样的实际系统不能够简单地由单一模型表示. 与此同时, 系统在运行过程中有外部干扰, 以及系统在运行过程中可能要实现不同的功能, 因此系统在运行时就可能需要切换到不同的模态运行从而满足控制要求. 这样的系统在一些子系统间就表现出切换的特性. 另外, 在一些多控制器系统, 如滑模控制和智能体的行为控制系统中, 通常需要设计多个切换控制器, 才可以得到更好的控制效果. 考虑到切换系统中切换规则的丰富性与多样性, 切换系统的理论研究比非切换系统更具有挑战性. 由于切换系统在理论发展和工程领域实际应用中的重要性, 1D 切换系统已经引起了广泛关注.[22-27] 切换现象除了发生在 1D 情形, 也发生在许多实际的 2D 系统中, 如 2D 热晶体管中的热流交换和调制、多模态化学反应器、多管式炉的热过程等[28]. 与一般的 2D 系统一样, 2D 切换系统也可以用 Roesser 模型、FMLSS(Fornasini-Marchesini Local State-Space) 模型和其他模型来描述. 这类系统比较复杂, 在研究过程中, 会给理论的推导和分析带来很大的挑战. 目前, 对 2D 离散切换系统有一些研究结果[29-33], 但相对一般的 2D 系统来讲, 2D 离散切换系统的结果比较少, 因此对 2D 离散切换系统的研究具有重要的理论价值和工程意义.

1.2 2D 切换系统的研究现状

1.2.1 稳定性

稳定性问题是系统控制理论研究的一个重要课题. 对于大多数情形, 稳定性是控制系统能够正常运行的一个重要前提条件. 在 2D 离散系统方面, 关于稳定性已有许多研究成果.[34-37] 最初的 2D 离散系统的稳定性是在频域上研究的. 例如, Bistritz[38-39]通过利用一系列的 1D 离散系统的稳定性判别条件, 给出了 2D 离散系统的稳定性判别条件. 文献 [40] 给出了 2D 离散系统的稳定性充要条件, 并指出通过检验矩阵束的广义特征值可以确定相应系统的稳定性. Trinh 和 Fernando[41]利用 MacLaurine 级数展开的方法, 研究了 2D 离散系统的稳定性问题. 为了得到便于实现的 2D 离散系统的稳定性结果, 学者们陆续将 Lyapunov 矩阵函数和线性不等式等矩阵代数方法用于研究其稳定性问题当中[42-43]. 例如, 文献 [44] 和文献 [45] 分别利用 2D 矩阵 Lyapunov 方程, 给出了 2D 离散 Roesser 模型和 FMLSS 模型稳定性的充分条件. Wu[46]推广了文献 [45] 的方法, 利用一类推广的 2D Lyapunov 方程, 研究了在 FM 状态空间建模的 2D 数字滤波器的稳定性. Kar 和 Singh[47]利用 Lyapunov 方法, 讨论了 FM 第一模型的 2D 系统的稳定性. Kar[48]利用饱和算法, 给出了 Roesser 模型描述的 2D 状态空间数字滤波器的渐近稳定性的充分条件. 近年来, Bachelier 等[49]分析了由 Roesser 模型所描述的 2D 系统的稳定性, 将通常基于多项式的稳定性检验简化为求解一组线性矩阵不等式 (Linear Matrix Inequalities, LMIs). 随着 2D 离散系统稳定性研究的不断深入, 其他一些复杂的 2D 离散系统的稳定性也被关注. 例如, Hien 和 Trinh 分析了带有区间时变滞后的、由 Roesser 模型描述的 2D 离散系统的稳定性[50], 以及 2D 离散 Markovian 跳跃系统的随机稳定性问题[51].

目前, 对于 2D 离散切换系统的稳定性主要有如下结果: Benzaouia 等[52]利用公共 Lyapunov 函数和多 Lyapunov 函数的方法, 研究了具有任意切换的 2D 离散切换 Roesser 模型的渐近稳定性问题; Xiang 和 Huang[53]利用平均驻留时间的方法, 研究了 2D 离散切换 Roesser 模型的指数稳定性问题; Wu 等[54]利用二次 Lyapunov 函数的方法, 研究了任意切换下的 2D 离散切换 FMLSS 模型的稳定性问题, 并利用平均驻留时间和分段 Lyapunov 函数的方法, 研究了受约束切换下 2D 离散切换 FMLSS 模型的指数稳定性问题. 对于具有状态滞后的 2D 离散正切换 Roesser 模型的稳定性[55]、具有滞后和不确定性的 2D 离散切换 Roesser 模型的稳定性[56]、带有乘性噪声的 2D 离散切换 FMLSS 模型的随机稳定性[57]等其他

2D 离散切换系统的稳定性问题, 也已被研究. 注意到这些文献所研究的 2D 切换系统都是由稳定子系统构成的, Zhu 和 Feng[58]对由不稳定子系统构成的 2D 切换系统的稳定性进行了分析.

除了 Lyapunov 渐近稳定性, 在很多实际应用中, 需要关注某一有限时间区间内的系统行为 (如工作时间有限的导弹和卫星的系统控制、飞行控制等), 或需要维持系统状态 (至少在一特定时间区间内) 不超出给定的界 (如系统存在饱和现象、宇宙飞船的轨迹控制等). 此时, 有限时间稳定性比 Lyapunov 稳定性更能满足实际需求. 有限时间稳定性的概念首先在文献 [59] 中引入. 1961 年, Dorato 为了研究系统的暂态性能提出了 "短时间稳定性" 的概念 (也就是后来所谓的有限时间稳定性概念), 并对线性时变系统进行了研究.[60-61] 有限时间稳定性, 是指对于给定范围内的初始条件, 系统的状态在一个指定的时间区间内不超过某个给定的阈值. 需要注意的是, 这里所研究的有限时间稳定性与文献 [62] 和文献 [63] 中的有限时间稳定性 (非线性系统的轨迹在有限时间内收敛于一个平衡点) 无关. 1969 年, Michel 和 Wu[64]把连续系统的有限时间稳定性的分析结果推广到离散时间系统中. 随着线性矩阵不等式理论的发展, 有限时间稳定性的相关问题已引起众多学者的兴趣. 例如, Dorato 等[65]将具有多面体不确定性的线性连续系统的有限时间稳定性问题, 转化为 LMIs 的可行性问题. 随后, Amato 等[66]也给出了一系列基于 LMIs 条件的不确定线性连续系统的有限时间稳定性和有限时间有界性的充分条件. 2005 年, Amato 和 Ariola[67]将连续系统的有限时间稳定性结果推广到离散系统中. 随着 1D 系统有限时间稳定性的不断发展[68-76], Zhang 和 Wang[77-78] 将 1D 系统的有限时间稳定性概念推广到 2D 离散线性系统中, 提出了 2D 有限区域稳定性和有限区域有界性的概念, 并借助于 Lyapunov 函数的方法, 给出了 2D 离散 Roesser 模型和 FMLSS 模型有限区域稳定性和有限区域有界性的易于求解的 LMIs 条件. 随后, 作者在文献 [79] 中又研究了 2D 离散 FMLSS 模型的输入输出有限区域稳定性问题. Gao 等[80]研究了 2D 连续离散 Roesser 模型的有限区域稳定性问题. 2D 系统的有限区域稳定性问题在文献 [81] 和文献 [82] 中也被研究. 对于 2D 切换系统来讲, 文献 [83] 研究了一类具有执行器饱和的 FM 第二模型的 2D 正切换系统的鲁棒有限区域稳定性问题, 但是关于一般的 2D 离散切换系统的有限区域稳定性的结果却很少见.

1.2.2 　耗散性

1972 年, Willems[84]首次提出了耗散系统理论, 并由 Hill 和 Moylan[85-86]进一步推广. 目前, 耗散性理论已经广泛应用于许多领域[87-88], 比如电路、网络、系统和控制等. 耗散性理论使用基于能量相关的输入输出描述, 为动力系统的分析与控制提供了一个强有力的框架. 它是刻画系统稳定性和无源性等重要行为的一种强有力甚至不可或缺的工具, 且与无源性定理、有界实引理、Kalman-Yakubovich-Popov(KYP) 引理和圆判据有着紧密的联系.[89] 耗散性理论不仅在控制理论方面发挥重要的作用, 在许多实际系统的研究中也扮演着极其重要的角色, 如机器人系统、电力系统等. 耗散性理论的发展极大地促进了动力系统的控制设计与分析.[90] 例如, 文献 [91] 和文献 [92] 提出了线性系统耗散控制器的设计方法. Li 等[93]为线性时滞系统设计了耗散状态反馈和输出反馈控制器. Fu 和 Ma[94]设计了带有饱和的奇异时滞系统的耗散输出反馈和状态反馈控制器. 文献 [95] 研究了连续奇异时滞系统的滞后依赖的 α-耗散性问题. 在文献 [96] 中, 作者研究了一类带有随机扰动的 T-S 模糊切换系统的滞后依赖的 α-耗散性问题. Feng 等[97]基于一个增广系统的方法, 研究了线性系统的静态输出反馈耗散控制问题. Feng 和 Shi[98]使用等价集方法, 研究了连续奇异系统的耗散控制问题. 此外, 一些复杂系统的耗散控制和滤波问题也被考虑.[99-101] 众所周知, 耗散性可以保证 Lyapunov 意义下的稳定性. 随着有限时间稳定性理论及其应用的深入研究[102], 有限时间耗散控制也被广泛研究[103-107]. 例如, Mathiyalagan 等[104]利用 Lyapunov 稳定性理论和线性矩阵不等式方法, 研究了一类具有时延和丢包的网络级联控制系统的有限时间耗散性. Song 等[106]讨论了一类离散随机系统在无线通信网络环境下的有限时间耗散性问题. 值得注意的是, 现有的耗散性研究大多局限于 1D 系统, 2D 系统耗散性的结论不是很多.[108-112] Ahn 等[108]和 Wang 等[109]分别研究了 2D 离散 Roesser 模型和 FMLSS 模型的耗散控制问题, 提出了系统渐近稳定和 (Q, S, R)-α-耗散的充分条件. 随后, Ahn 和 Kar[110]考虑了 FMLSS 模型的 2D 数字滤波器的无源性. 文献 [111] 讨论了 2D 周期 Roesser 系统基于耗散性的滤波问题. 需要指出的是, 这些文献仅仅考虑了零边界条件下 2D 耗散系统的行为, 在一个有限 (可能很小) 的平面区域内对系统的暂态性没有约束. 对于 2D 切换系统, 只研究了一类特殊的耗散性, 即 H_∞ 控制问题. 2D 切换系统一般的耗散性还没有被研究. 因此, 很有必要解决与 2D 系统相关的一些耗散性问题, 例如 2D 系统的有限区域耗散性问题, 2D 切换系统的耗散性问题及有限区域的耗散性问题等.

1.2.3　镇定性

镇定问题是系统基本的综合问题之一. 镇定问题是指通过设计适当的反馈控制器, 使得所导出的反馈控制系统稳定. 常用的反馈控制器有状态反馈控制器和输出反馈控制器. 对于 2D 系统的镇定性问题, 已有许多结果.[113-115] 例如, 文献 [114] 研究了带有随机扰动的不确定 2D 离散系统的镇定问题, 设计了系统的反馈控制器. Bachelier 等[115]研究了由 Roesser 模型描述的离散、连续、混合连续离散的 2D 系统的镇定性问题, 改进了之前关于镇定的 LMIs 充分条件, 并给出了状态反馈镇定的一个 LMIs 充要条件. 除了渐近稳定的镇定问题, 基于状态反馈的 2D 离散系统的有限区域镇定问题[77-78], 以及基于输出反馈的 2D 离散系统的有限区域镇定问题[82]也已被研究.

对 2D 离散切换系统的镇定性研究也取得了一定的成果. Lyapunov 函数技术和驻留时间依赖的方法, 已经成功地用于 2D 离散切换系统的镇定研究中.[52-55,116-119] 对于 2D 离散切换系统镇定性的研究, 涉及任意切换和受约束的切换. 在任意切换情形下, 学者们利用公共 Lyapunov 函数[116]和多 Lyapunov 函数[52, 54, 116], 研究了 2D 离散切换系统的镇定性问题. 对于 2D 离散切换系统的受约束切换, 主要集中在时间依赖的切换. 作为一类典型的时间依赖的切换信号, 平均驻留时间切换为 2D 离散切换系统设计反馈控制器的镇定提供了一种有效的工具.[53-55] 在文献 [117] 中, 通过使用模态依赖的平均驻留时间切换律, 得到了 2D 切换系统镇定的充分条件, 较平均驻留时间切换得到的条件, 具有较小的保守性. 当涉及控制器的设计时, 由于子系统模态的切换和相应控制器模态的切换之间存在异步情况, 2D 异步切换系统的镇定问题被考虑.[118] 在文献 [119] 中, 作者提出了一种新的镇定方案, 即通过使用快平均驻留时间切换设计一个可容许的切换策略, 镇定了由所有不稳定子系统构成的 2D 离散切换系统. 但是, 对于 2D 离散切换系统有限区域相关的很多镇定问题, 仍有待研究和解决.

1.2.4　H_∞ 控制

在实际系统中, 不可避免地存在扰动和不确定性, 而 H_∞ 控制是在外部扰动输入满足能量有界的条件下, 保证系统稳定的同时又能够将外部扰动对系统性能的影响抑制在一定的水平下, 使被控对象关于干扰具有一定的鲁棒性. 作为鲁棒控制中常用的一种控制方法, H_∞ 性能指标利用能量增益考虑了系统最坏情况下的性能, 因此比其他的性能指标更适合于模型不确定性和扰动性系统的鲁棒分析和鲁棒控制. H_∞ 控制理论的发展极大地促进了鲁棒控制系统的分析和设计. 例如, 文献 [120] 研究了一类离散切换线性系统的输出反馈控制问题, 并设计了能够保证系统全局一致渐近稳定性, 且有一个加权的扰动衰减性能的输出反馈控制器. 除了 1D 系统的 H_∞ 控制[121-122], 最近二十年, 人们对 2D 系统的 H_∞ 控制问题也越来越感兴趣[123-127]. 例如, 文献 [126] 研究了带有部分未知转移概率的 2D 连续 Markovian 跳跃时滞系统的 H_∞ 控制问题, Liang[127]研究了一类不完全可测的带有时变时滞的 2D 非线性系统的 H_∞ 输出反馈控制问题. 关于 2D 离散系统的 H_∞ 控制问题, 已经取得了一些成果. 例如, Du 和 Xie[128]基于有界实引理, 研究了 2D 离散系统的 H_∞ 控制和滤波问题. 2D 奇异系统的 H_∞ 控制问题[129]、2D

Markovian 跳跃系统的 H_∞ 控制问题[130]、不确定 2D 系统的 H_2/H_∞ 控制问题[131] 等其他复杂系统的 H_∞ 控制问题, 也相继被考虑.

随着切换系统及其应用的研究[132-133], 2D 切换系统的 H_∞ 控制问题也引起了广泛关注[116-118,134-135]. 现有的关于 2D 切换系统的 H_∞ 控制问题的结果, 主要是基于平均驻留时间得到的. 例如, Duan 和 Xiang[134]利用平均驻留时间的方法, 研究了 2D 切换 FMLSS 模型的基于输出反馈的 H_∞ 镇定问题. Ghous 和 Xiang[56]讨论了一类带有控制输入饱和的 2D 离散时间切换滞后系统的状态反馈 H_∞ 镇定问题. Shi 等[117]通过构造一个适合于模态依赖平均驻留时间切换的拟时依赖 Lyapunov 泛函, 设计了一组使得 2D 切换 FMLSS 模型稳定, 且有一个 H_∞ 扰动衰减性能的状态反馈控制器. Fei 等[118]基于模态依赖平均驻留时间的方法, 设计了模态依赖的状态反馈控制器和可容许的切换信号, 进而保证了系统在异步切换下的稳定性和 H_∞ 性能. 上述基于平均驻留时间方法得到的 2D 切换系统的 H_∞ 性能指标是加权的. 在 2D 非切换系统中, 采用的 H_∞ 性能指标是非加权形式的且具有明确的物理意义. 加权的 H_∞ 性能指标由于不能真实地反映系统的衰减性能, 只能被当作一个弱的 H_∞ 性能指标. 此外, 现有的关于 2D 切换系统的 H_∞ 性能结果仅适用于所有子系统稳定的情形. 关于 2D 切换系统的 H_∞ 性能还有很多问题值得研究, 例如, 由稳定子系统和不稳定子系统共同构成或由所有不稳定子系统构成的 2D 切换系统的 H_∞ 性能问题, 2D 切换系统的非加权 H_∞ 性能问题, 2D 切换系统的有限区域 H_∞ 性能问题等.

1.3　本书的主要工作安排与创新点

通过对 2D 系统相关文献的综合分析, 可以看出对 2D 离散系统 Lyapunov 稳定性的相关研究成果已有很多, 但对于 2D 离散系统的有限区域控制, 尤其是 2D 离散切换系统的稳定性和控制问题的研究成果却不是很多. 本书首先分析 2D 离散系统的有限区域有界性, 建立有限区域耗散性的充分条件. 其次, 借助于驻留时间依赖的 Lyapunov 函数方法, 解决 2D 离散切换系统的耗散性问题. 然后, 分析 2D 离散切换系统的有限区域稳定性及有限区域 H_∞ 控制问题, 并进一步利用最大最小驻留时间方法, 讨论 2D 离散切换系统的 H_∞ 性能问题. 最后, 利用平均停留时间方法, 解决 2D 离散切换系统的事件触发异步控制问题. 本书的主要工作安排如下:

第 2 章研究 2D 离散 Roesser 模型的有限区域耗散控制问题. 首先, 介绍 2D 离散 Roesser 模型的有限区域 (Q, S, R)-γ-耗散性的定义. 具体来讲, 通过使用 Lyapunov 函数方法和斜割直线方法, 建立 2D 离散 Roesser 模型的一个新的有限区域有界性 (有限区域稳定性) 的充分条件. 然后, 在此基础上, 进一步提出闭环系统 (Q, S, R)-γ-耗散性的充分条件. 最后, 通过利用得到的充分条件, 建立有限区域 (Q, S, R)-γ-耗散状态反馈控制器存在性的参数依赖的充分可解性条件. 所得到的控制器增益参数可以通过求解一组 LMIs 得到.

第 3 章研究 2D 离散切换 FMLSS 系统的耗散控制问题. 首先, 考虑 2D 离散切换系统在三角形区域上的 (Q, S, R)-γ-耗散性定义, 通过使用驻留时间依赖的 Lyapunov 函数方法, 提出 2D 离散切换 FMLSS 模型渐近稳定性的一个新的充分条件. 然后, 给出保证该系统渐近稳定和 (Q, S, R)-γ-耗散的充分条件. 最后, 通过利用所建立的充分条件和设计的驻留时间依赖的耗散状态反馈控制器, 给出求解耗散控制器增益的充分可解性 LMIs 条件. 此外, 作为耗散性的特例, 2D 离散切换系统无源性和 H_∞ 性能的结果也可以得到, 且所得到的 H_∞ 扰动衰减性能指标是非加权的.

第 4 章研究 2D 离散切换 FMLSS 模型的有限区域异步切换控制问题. 在没有外部扰动时, 讨论 2D 离散切换系统的有限区域镇定问题, 并通过考虑异步切换, 利用驻留时间方法解决相应闭环系统的有限区域稳定性问题. 考虑外部扰动时, 利用类似的方法讨论 2D 异步切换系统的有限区域 H_∞ 控制问题. 借助于 LMIs 技术, 设计异步切换情形下 2D 离散切换系统的有限区域模态依赖的状态反馈控制器. 并建立能够保证相应 2D 异步切换 FMLSS 系统有限区域有界, 且有一个加权的 H_∞ 性能指标的有限区域 H_∞ 模态依赖的状态反馈控制器的充分可解性条件.

第 5 章研究两类 2D 离散切换 FMLSS 系统的非加权 H_∞ 性能问题. 具体来讲, 讨论两类 2D 离散切换系统: 一类是由所有稳定子系统构成的 2D 离散切换系统; 另一类是既包含稳定子系统又包含不稳定子系统的 2D 离散切换系统. 对于第一类系统, 通过构造多 Lyapunov 函数和使用最大最小驻留时间切换的方法, 建立指数稳定性的充分条件, 并给出保证系统指数稳定且有一个指定的非加权 H_∞ 性能衰减指标的充分条件. 对于第二类系统, 通过设计可容许的切换律, 使用类似的方法建立保证该系统指数稳定且具有非加权 H_∞ 性能指标的条件. 所得到的条件都以一组 LMIs 的形式给出.

第 6 章研究 2D 离散切换系统的事件触发异步切换控制问题. 首先, 讨论 2D 异步切换 FMLSS 模型的事件触发稳定性问题. 具体来讲, 通过构造多 Lyapunov 函数并利用平均停留时间切换方法, 建立异步切换情况下 2D 切换系统事件触发稳定的充分条件. 然后在此基础上, 利用 LMIs 给出相应状态反馈控制器在事件触发条件下可解的充分条件. 最后, 使用类似的方法解决 2D 异步切换 FMLSS 模

型的事件触发 H_∞ 控制问题.

本书的主要创新点如下:

(1) 针对 2D 离散系统, 考虑 2D 离散 Roesser 模型的有限区域控制问题, 提出 2D 离散 Roesser 模型的有限区域 (Q, S, R)-γ-耗散性定义. 通过使用斜割直线方法, 建立 2D 离散 Roesser 模型有限区域有界性 (有限区域稳定性) 的一个新的充分条件. 在此基础上, 设计有限区域 (Q, S, R)-γ-耗散状态反馈控制器, 实现该系统的有限区域耗散控制.

(2) 研究 2D 离散切换 FMLSS 模型的耗散性, 提出一种驻留时间依赖的 Lyapunov 函数方法, 利用 Lyapunov 函数的方向增量, 给出 2D 离散切换 FMLSS 模型渐近稳定性的充分条件. 通过设计驻留时间依赖的耗散状态反馈控制器, 解决 2D 离散切换系统在三角形区域上的 (Q, S, R)-γ-耗散控制问题.

(3) 针对 2D 离散切换系统的有限区域镇定问题, 考虑异步切换, 通过使用驻留时间方法, 给出 2D 异步切换系统有限区域稳定性的充分条件. 借助于 LMIs 技术, 设计异步切换下的有限区域模态依赖的状态反馈控制器, 并提出使得相应 2D 异步切换 FMLSS 模型有限区域稳定, 且满足 H_∞ 性能指标的有限区域 H_∞ 模态依赖的状态反馈控制器的充分可解性条件.

(4) 针对 2D 离散切换 FMLSS 模型, 采用最大最小驻留时间的方法, 给出由所有稳定子系统构成的和稳定与不稳定子系统共存的 2D 离散切换系统指数稳定的充分条件, 以及指数稳定且具有非加权 H_∞ 性能指标的充分条件. 相比加权的 H_∞ 性能指标, 非加权的 H_∞ 性能指标更能反映系统在实际工程应用中的物理意义.

(5) 针对 2D 离散切换 FMLSS 模型, 考虑异步切换, 通过使用平均停留时间方法, 给出 2D 异步切换系统事件触发稳定的充分条件, 并进一步提出使得相应 2D 异步切换 FMLSS 模型在事件触发条件下稳定, 且满足 H_∞ 性能指标的充分可解性条件.

1.4 符号说明和相关引理

在本书中, $\mathbb{N}$ 和 $\mathbb{N}^+$ 分别表示自然数集和正整数集, $\mathbb{R}^n$ 表示 n-维欧氏空间, $\|x\|$ 表示向量 x 的欧几里得范数.

对任意的矩阵 A, A^{T} 表示矩阵 A 的转置, $A > 0$ 表示矩阵 A 是一个正定的实对称矩阵, $\lambda(A)$ 表示矩阵 A 的特征值, $\lambda_{\max}(A)$ 和 $\lambda_{\min}(A)$ 分别表示矩阵 A 的最大特征值和最小特征值.

单位矩阵用 I 表示. $\mathrm{diag}\{\cdot\}$ 表示块对角矩阵. 对称分块矩阵中对称项的省略用 $*$ 表示. $\mathrm{sym}\{P\} = P + P^{\mathrm{T}}$.

给定 2D 信号 $w(i,j) \in \mathbb{R}^n$ 的 l_2-范数, $\|w\|_2 = \overline{\sum\limits_{i=0}^{\infty}\sum\limits_{j=0}^{\infty} w^{\mathrm{T}}(i,j)w(i,j)}$. 若 $\|w\|_2 < \infty, i,j \in \mathbb{N}^+$, 则 $w(i,j) \in l_2\{[0,\infty),[0,\infty)\}$.

对任意的 2D 信号 $u(i,j), v(i,j)$, 以及矩阵 A, 定义

$$\langle u, Av \rangle_{(n_1,n_2)} = \sum_{i=0}^{n_1}\sum_{j=0}^{n_2} u^{\mathrm{T}}(i,j)Av(i,j),$$

其中, $n_1, n_2 \in \mathbb{N}$.

下面介绍本书所用到的一些引理.

引理 1.1 [136]

(Schur 补引理) 对给定的对称矩阵 $S = \begin{bmatrix} S_{11} & S_{12} \\ S_{12}^{\mathrm{T}} & S_{22} \end{bmatrix}$, 其中 S_{11} 是 $r \times r$ 维的, 以下三个条件等价:

(1) $S < 0$;

(2) $S_{11} < 0$, 且 $S_{22} - S_{12}^{\mathrm{T}}S_{11}^{-1}S_{12} < 0$;

(3) $S_{22} < 0$, 且 $S_{11} - S_{12}S_{22}^{-1}S_{12}^{\mathrm{T}} < 0$.

引理 1.2 [136]

给定适维矩阵 $H = H^{\mathrm{T}}, M, N$, 如果存在某个 $\epsilon > 0$, 使得

$$H + \epsilon MM^{\mathrm{T}} + \epsilon^{-1}N^{\mathrm{T}}N < 0,$$

则对于满足 $F^{\mathrm{T}}F \leqslant I$ 的 F, 下列不等式成立:

$$H + MFN + N^{\mathrm{T}}F^{\mathrm{T}}M^{\mathrm{T}} < 0.$$

引理 1.3 [136]

对任意的矩阵 $U \in \mathbb{R}^{n \times n}$ 及 $V \in \mathbb{R}^{n \times n}$, 如果矩阵 V 满足 $V > 0$, 则下列不等式成立:

$$UV^{-1}U^{\mathrm{T}} \geqslant U + U^{\mathrm{T}} - V.$$

第 2 章 2D 系统的有限区域耗散性

耗散性的相关工作绝大多数是在 1D 系统上研究的, 对于 2D 系统, 只有少数的结果. 文献 [108] 和文献 [109] 虽然研究了 2D 线性离散系统的耗散控制问题, 但是它们所考虑的耗散系统行为是在零边界条件下, 且在有限 (可能很小) 的平面区域内对系统的暂态行为没有约束. 另外, 文献 [77-79] 研究了 2D 离散系统的有限区域控制问题. 基于此, 本章将讨论 2D 离散 Roesser 模型的有限区域耗散控制问题. 具体来讲, 通过利用不同于文献 [78] 中所使用的方法, 给出 2D 离散 Roesser 模型的一个新的、形式简单的有限区域有界性的充分条件, 并进一步给出系统有限区域 (Q, S, R)-γ-耗散的充分条件.

2.1 问 题 描 述

考虑如下 Roesser 型的 2D 离散线性系统:

$$\left[\begin{array}{c} x^{\mathrm{h}}(i+1,j) \\ x^{\mathrm{v}}(i,j+1) \end{array}\right] = A \left[\begin{array}{c} x^{\mathrm{h}}(i,j) \\ x^{\mathrm{v}}(i,j) \end{array}\right] + Bu(i,j) + Gw(i,j), \tag{2.1a}$$

$$y(i,j) = C \left[\begin{array}{c} x^{\mathrm{h}}(i,j) \\ x^{\mathrm{v}}(i,j) \end{array}\right] + Du(i,j) + Fw(i,j), \tag{2.1b}$$

其中, $x^{\mathrm{h}}(i,j) \in \mathbb{R}^m, x^{\mathrm{v}}(i,j) \in \mathbb{R}^n$ 分别是水平状态和垂直状态; $x(i,j) \in \mathbb{R}^{m+n}$ 是整个状态; i,j 分别是水平和垂直的离散变量; $(i,j) \in \mathbb{N}_1 \times \mathbb{N}_2 = \{0,1,2,\cdots,N_1\} \times \{0,1,2,\cdots,N_2\} \subset \mathbb{N}^2(N_1, N_2 \in \mathbb{N}^+)$; $u(i,j) \in \mathbb{R}^p$ 是控制输入; $w(i,j) \in \mathbb{R}^l$ 是扰动输入; $y(i,j) \in \mathbb{R}^q$ 是输出; 系数矩阵 $A = \left[\begin{array}{cc} A_{11} & A_{12} \\ A_{21} & A_{22} \end{array}\right]$, $B = \left[\begin{array}{c} B_1 \\ B_2 \end{array}\right]$, $G = \left[\begin{array}{c} G_1 \\ G_2 \end{array}\right]$, $C = \left[\begin{array}{cc} C_1 & C_2 \end{array}\right]$, 式中 D, F 是适维常数矩阵. $x_0(i,j) = \left[x^{\mathrm{hT}}(0,j)\right.$ $\left. x^{\mathrm{vT}}(i,0)\right]^{\mathrm{T}}$ 是边界条件. 2D 系统 (2.1) 的边界条件定义为

$$x^{\mathrm{h}}(0,j) = h(j) \quad (0 \leqslant j \leqslant N_2), \quad x^{\mathrm{v}}(i,0) = v(i) \quad (0 \leqslant i \leqslant N_1). \tag{2.2}$$

这里考虑的边界条件 (2.2) 定义在一个有限区域 $\mathbb{N}_1 \times \mathbb{N}_2$ 上. 当 $(i,j) \notin \mathbb{N}_1 \times \mathbb{N}_2$ 时, $x_0(i,j) = [0 \ \ 0]^{\mathrm{T}}$.

给定系统 (2.1), 设计如下状态反馈控制器:

$$u(i,j) = Kx(i,j), \tag{2.3}$$

其中, K 是控制器的增益.

将式 (2.1) 和式 (2.3) 结合, 得到如下闭环系统:

$$\begin{bmatrix} x^{\mathrm{h}}(i+1,j) \\ x^{\mathrm{v}}(i,j+1) \end{bmatrix} = (A+BK) \begin{bmatrix} x^{\mathrm{h}}(i,j) \\ x^{\mathrm{v}}(i,j) \end{bmatrix} + Gw(i,j), \tag{2.4a}$$

$$y(i,j) = (C+DK) \begin{bmatrix} x^{\mathrm{h}}(i,j) \\ x^{\mathrm{v}}(i,j) \end{bmatrix} + Fw(i,j). \tag{2.4b}$$

通常, 外部扰动 $w(i,j)$ 满足

$$\sum_{i=0}^{N_1} \sum_{j=0}^{N_2} w^{\mathrm{T}}(i,j)w(i,j) \leqslant \omega, \tag{2.5}$$

其中, $\omega \geqslant 0$ 是已知的常数; $N_1, N_2 \in \mathbb{N}^+$ 是给定的正整数.

为方便后续研究, 首先给出闭环系统 (2.4) 的有限区域有界性的概念, 这个概念与文献 [78] 给出的有限区域有界性的概念是等价的.

定义 2.1

对于给定的正常数 c_0, c, ω, N_1, N_2, 满足 $c_0 < c$, $N_1, N_2 \in \mathbb{N}^+$, 以及矩阵 $L > 0$, 其中 $L = \mathrm{diag}\{L_1, L_2\}(L_1 > 0, L_2 > 0)$. 闭环系统 (2.4) 被称为关于参数 $(c_0, c, N_1, N_2, L, \omega)$ 是有限区域有界的, 如果对于任意的扰动输入 $w(i,j)$ 满足式 (2.5), 及

$$x_0^{\mathrm{T}}(i,j)Lx_0(i,j) \leqslant c_0 \Rightarrow x^{\mathrm{T}}(i,j)Lx(i,j) < c \quad (\forall (i,j) \in \mathbb{N}_1 \times \mathbb{N}_2), \tag{2.6}$$

其中, $\mathbb{N}_1 \times \mathbb{N}_2 = \{0, 1, 2, \cdots, N_1\} \times \{0, 1, 2, \cdots, N_2\}$. 特别地, 当外部扰动 $w(i,j) = 0$ 时, 闭环系统 (2.4) 被称为关于参数 (c_0, c, N_1, N_2, L) 是有限区域稳定的.

注 2.1 2D 离散 Roesser 模型的有限区域有界性/有限区域稳定性的概念, 是由 1D 系统的有限时间有界性/有限时间稳定性的概念推广而来的. 类似于 1D 系统的有限时间有界性和有限时间稳定性的关系, 2D 离散 Roesser 模型的有限区域稳定性是 2D 离散 Roesser 模型有限区域有界性的特例. 但是 2D 离散 Roesser

模型的有限区域有界性/有限区域稳定性, 与 1D 系统的有限时间有界性/有限时间稳定性[75]存在两点不同. 第一点, 1D 系统的有限时间有界性/有限时间稳定性的初始条件是一个向量 x_0, 2D 离散 Roesser 模型的有限区域有界性/有限区域稳定性的边界条件是 $x_0(i,j) = \begin{bmatrix} x^{\mathrm{hT}}(0,j) & x^{\mathrm{vT}}(i,0) \end{bmatrix}^{\mathrm{T}}$; 第二点, 1D 系统的有限时间有界性/有限时间稳定性的时间范围是 $k \in [0,N]$, 而 2D 离散 Roesser 模型的区域范围是 $(i,j) \in \mathbb{N}_1 \times \mathbb{N}_2$.

基于 1D 系统的耗散性[91], 1D 系统的有限时间耗散性[105], 以及 Roesser 型的 2D 系统的 (Q,S,R)-γ-耗散控制[108]的概念, 本章将给出闭环系统 (2.4) 的 2D 有限区域 (Q,S,R)-γ-耗散性的定义.

对于任意的 $(n_1,n_2) \in \mathbb{N}_1 \times \mathbb{N}_2$, 能量供给函数 $\boldsymbol{E}$ 定义为

$$\boldsymbol{E}(y,w,(n_1,n_2)) = \langle y, Qy \rangle_{(n_1,n_2)} + 2\langle y, Sw \rangle_{(n_1,n_2)} + \langle w, Rw \rangle_{(n_1,n_2)},$$

其中, Q, S 和 R 是适维矩阵, Q 和 R 是对称的.

定义 2.2

对于给定的常数 $\gamma > 0$, 以及矩阵 Q, S, R, 其中矩阵 Q 和 R 是对称矩阵. 系统 (2.4) 被称为关于参数 $(c_0, c, N_1, N_2, L, \omega)$ 是有限区域 (Q,S,R)-γ-耗散的 (或严格有限区域 (Q,S,R)-γ-耗散的), 如果系统 (2.4) 关于参数 $(c_0, c, N_1, N_2, L, \omega)$ 是有限区域有界的, 且对于某一实函数 $\beta(\cdot)$, 对任意的 $(n_1,n_2) \in \mathbb{N}_1 \times \mathbb{N}_2$, 满足如下条件:

$$\boldsymbol{E}(y,w,(n_1,n_2)) + \beta(x_0(i,j)) \geqslant \gamma \langle w, w \rangle_{(n_1,n_2)} \tag{2.7}$$

其中, $c > c_0 > 0$, L 是一个正的正定块对角矩阵 (即 $L = \mathrm{diag}\{L_1, L_2\}$, $L_1 > 0, L_2 > 0$). 不失一般性, 假设 $Q \leqslant 0$, 记 $-Q = Q_*^{\mathrm{T}} Q_*$.

注 2.2　文献 [108] 提出了 2D 离散 Roesser 模型的 (Q,S,R)-γ-耗散性的概念. 它考虑的是在零边界条件下整个第一象限的耗散性, 即 $\boldsymbol{E}(y,w,(n_1,n_2)) \geqslant \gamma \langle w, w \rangle_{(n_1,n_2)} (n_1 \geqslant 0, n_2 \geqslant 0)$. 但需要指出的是, 本章所提出的有限区域 (Q,S,R)-γ-耗散性的概念与 2D (Q,S,R)-γ-耗散性[108]是不同的. 有限区域 (Q,S,R)-γ-耗散性是与有限区域有界性相关的, 并且所考虑的边界条件不为零. 它在指定有限 (可能很小) 区域 $\mathbb{N}_1 \times \mathbb{N}_2$ 内为控制与信号处理系统的分析和设计提供了一个输入–输出能量相关的刻画.

注 2.3　2D 离散 Roesser 模型的有限区域稳定性、有限区域有界性、Lyapunov 渐近稳定性及耗散性的概念是相关的. 2D 离散 Roesser 模型的 Lyapunov 渐近稳

定性研究的是系统在 $i, j \to \infty$ 时的渐近行为. 2D 离散 Roesser 模型的有限区域有界性和有限区域稳定性, 分别研究的是系统在有外部扰动和没有外部扰动情况下有限区域 $\mathbb{N}_1 \times \mathbb{N}_2$ 内的暂态行为. 因此, 2D 离散 Roesser 模型的有限区域稳定性和 Lyapunov 渐近稳定性是两个不同的稳定性概念. 通常, 2D 离散 Roesser 模型的有限区域稳定性的刻画不能保证 Lyapunov 意义下的稳定性, 反之亦然 (见例 2.1). 类似于 1D 系统, 2D 离散 Roesser 模型的耗散性能够保证 Lyapunov 渐近稳定性. 但是, 2D 离散 Roesser 模型的有限区域耗散性是在有限区域有界性的基础上保证了有限区域 $\mathbb{N}_1 \times \mathbb{N}_2$ 内的耗散性.

注 2.4 在式 (2.7) 中的能量供给函数 **E** 中, 通过选取适当的参数 Q, S, R, 可以得到一些相关的性能指标. 特别地, 当 $l = q$ 时, 若 $Q = 0, S = I, R = 2\gamma I$, 则可以得到有限区域的无源性性能指标, 此指标用于度量系统无源性的冗余或储能; 若 $Q = -I, S = 0, R = (\gamma^2 + \gamma)I$, 则可以得到有限区域的 H_∞ 性能指标; 若 $Q = -\theta I, S = (1 - \theta)I, R = [(\gamma^2 - \gamma)\theta + 2\gamma]I$, 则可以得到混合有限区域的 H_∞ 和无源性性能指标, 其中 $\theta \in [0, 1]$ 是权重参数, 它权衡了 H_∞ 性能和无源性能.

本章的目的是为系统 (2.1) 设计一个状态反馈控制器, 使得所导出的闭环系统 (2.4) 是有限区域 (Q, S, R)-γ-耗散的.

接下来, 基于凸优化方法, 我们将通过使用状态反馈控制器 (2.3), 分析 2D 离散 Roesser 模型 (2.1) 的有限区域 (Q, S, R)-γ-耗散性. 具体来讲, 首先, 研究闭环系统 (2.4) 的有限区域有界性和有限区域 (Q, S, R)-γ-耗散性; 然后, 基于所提出的有限区域耗散性的条件, 给出有限区域 (Q, S, R)-γ-耗散状态反馈控制器的设计方法.

2.2　有限区域有界性

在本节中, 我们将给出闭环系统 (2.4) 有限区域有界性的一个新的充分条件. 定理 2.1 的结果将作为分析有限区域 (Q, S, R)-γ-耗散性的理论基础.

定理 2.1

假设式 (2.3) 中的控制器增益矩阵 K 是给定的. 对于给定的常数 $\alpha > 0$, 闭环系统 (2.4) 关于参数 $(c_0, c, N_1, N_2, L, \omega)$ 是有限区域有界的, 若存在一个正定块对角矩阵 $P = \text{diag}\{P_1, P_2\}$, 其中 $P_1 = P_1^{\mathrm{T}} > 0$, $P_2 = P_2^{\mathrm{T}} > 0$, 及一个矩阵 $M > 0$, 使得下列不等式成立:

$$\Gamma = \begin{bmatrix} \overline{A}^{\mathrm{T}}P\overline{A} - \alpha P & \overline{A}^{\mathrm{T}}PG \\ * & G^{\mathrm{T}}PG - \alpha M \end{bmatrix} < 0, \qquad (2.8a)$$

$$\frac{\alpha_0[N_0\lambda_{\max}(\widetilde{P})c_0 + (N_1 + N_2)\lambda_{\max}(M)\omega]}{\lambda_{\min}(\widetilde{P})} < c, \qquad (2.8b)$$

其中, $\overline{A} = A + BK$, $\widetilde{P}_l = L_l^{-\frac{1}{2}} P_l L_l^{-\frac{1}{2}}$ $(l = 1, 2)$, $\alpha_0 = \max\{1, \alpha^{N_1+N_2}\}$, $N_0 = \max\{N_1, N_2\}$.

证明　考虑系统 (2.4) 的 Lyapunov 函数

$$V(i, j) = V_1(i, j) + V_2(i, j),$$

其中, $V_1(i, j) = x^{\mathrm{hT}}(i, j)P_1 x^{\mathrm{h}}(i, j)$, $V_2(i, j) = x^{\mathrm{vT}}(i, j)P_2 x^{\mathrm{v}}(i, j)(P_1 > 0,\ P_2 > 0)$. 记 $\Psi(i, j) = [x^{\mathrm{hT}}(i, j)\ x^{\mathrm{v}v\mathrm{T}}(i, j)\ w^{\mathrm{T}}(i, j)]^{\mathrm{T}}$, 则

$$V_1(i + 1, j) + V_2(i, j + 1) - \alpha V(i, j) - \alpha w^{\mathrm{T}}(i, j)Mw(i, j) = \Psi^{\mathrm{T}}(i, j)\Gamma\Psi(i, j). \tag{2.9}$$

由条件 (2.8a) 易知

$$V_1(i + 1, j) + V_2(i, j + 1) < \alpha V(i, j) + \alpha w^{\mathrm{T}}(i, j)Mw(i, j). \tag{2.10}$$

令 $E(r) = \sum\limits_{i+j=r} V(i, j)$, $W(r) = \sum\limits_{i+j=r} w^{\mathrm{T}}(i, j)Mw(i, j)$, 其中 $i \in \mathbb{N}_1$, $j \in \mathbb{N}_2$. 为简单起见, 以 $N_1 \leqslant N_2$ 作为一个例子来证明. 我们将证明分为三种情形.

情形 1　当 $0 < r \leqslant N_1$ 时, 将式 (2.10) 的两边沿 $i + j = r$ 相加, 可得

$$E(r) - \alpha E(r - 1) < V_1(0, r) + V_2(r, 0) + \alpha W(r - 1). \tag{2.11}$$

通过使用式 (2.11) 进行连续迭代, 可得

$$\begin{aligned}
E(r) - \alpha^{r-1}E(1) =& E(r) - \alpha E(r - 1) + \alpha[E(r - 1) - \alpha E(r - 2)] \\
& + \alpha^2[E(r - 2) - \alpha E(r - 3)] + \cdots + \alpha^{r-2}[E(2) - \alpha E(1)] \\
<& V_1(0, r) + V_2(r, 0) + \alpha[V_1(0, r - 1) + V_2(r - 1, 0)] \\
& + \alpha^2[V_1(0, r - 2) + V_2(r - 2, 0)] + \cdots + \alpha^{r-2}[V_1(0, 2) + V_2(2, 0)] \\
& + \alpha W(r - 1) + \alpha^2 W(r - 2) + \alpha^3 W(r - 3) + \cdots + \alpha^{r-1}W(1) \\
=& \sum_{k=2}^{r} \alpha^{r-k}[V_1(0, k) + V_2(k, 0)] + \sum_{k=1}^{r-1} \alpha^{r-k}W(k).
\end{aligned}$$

一方面, 由于 $W(0) \geqslant 0$, 故有

$$E(r) < \sum_{k=1}^{r} \alpha^{r-k}[V_1(0,k) + V_2(k,0)] + \sum_{k=0}^{r-1} \alpha^{r-k}W(k). \tag{2.12}$$

注意到 $r = i + j$, 可得

$$\begin{aligned}
E(i+j) &< \sum_{k=1}^{i+j} \alpha^{i+j-k}[V_1(0,k) + V_2(k,0)] + \sum_{k=0}^{i+j-1} \alpha^{i+j-k}W(k) \\
&= \sum_{k=1}^{i+j} \alpha^{i+j-k} x_0^{\mathrm{T}}(k,k) P x_0(k,k) + \sum_{k=0}^{i+j-1} \alpha^{i+j-k} \sum_{i_1+j_1=k} w^{\mathrm{T}}(i_1,j_1) M w(i_1,j_1) \\
&\leqslant \sum_{k=1}^{i+j} \alpha^{i+j-k} \lambda_{\max}(\widetilde{P}) x_0^{\mathrm{T}}(k,k) L x_0(k,k) \\
&\quad + \sum_{k=0}^{i+j-1} \alpha^{i+j-k} \lambda_{\max}(M) \sum_{i_1+j_1=k} w^{\mathrm{T}}(i_1,j_1) w(i_1,j_1) \\
&\leqslant \max\{1, \alpha^{N_1}\} N_1 [\lambda_{\max}(\widetilde{P}) c_0 + \lambda_{\max}(M)\omega]. \tag{2.13}
\end{aligned}$$

另一方面, 又有

$$E(i+j) \geqslant x^{\mathrm{T}}(i,j) P x(i,j) \geqslant \lambda_{\min}(\widetilde{P}) x^{\mathrm{T}}(i,j) L x(i,j). \tag{2.14}$$

将式 (2.13) 和式 (2.14) 结合, 可得

$$x^{\mathrm{T}}(i,j) L x(i,j) < \frac{\max\{1, \alpha^{N_1}\} N_1 [\lambda_{\max}(\widetilde{P}) c_0 + \lambda_{\max}(M)d]}{\lambda_{\min}(\widetilde{P})}.$$

则由条件 (2.8b) 易知 $x^{\mathrm{T}}(i,j) L x(i,j) < c$.

情形 2 当 $N_1 < r \leqslant N_2$ 时, 有

$$E(r) - \alpha E(r-1) < V_1(0,r) + \alpha W(r-1). \tag{2.15}$$

则由式 (2.15) 和式 (2.12) 易知

$$\begin{aligned}
E(r) &< \alpha^{r-N_1} E(N_1) + \sum_{k=N_1+1}^{r} \alpha^{r-k} V_1(0,k) + \sum_{k=N_1}^{r-1} \alpha^{r-k} W(k) \\
&< \alpha^{r-N_1} \left\{ \sum_{k=1}^{N_1} \alpha^{N_1-k}[V_1(0,k) + V_2(k,0)] + \sum_{k=0}^{N_1-1} \alpha^{N_1-k} W(k) \right\} \\
&\quad + \sum_{k=N_1+1}^{r} \alpha^{r-k} V_1(0,k) + \sum_{k=N_1}^{r-1} \alpha^{r-k} W(k)
\end{aligned}$$

$$\leqslant \sum_{k=1}^{r} \alpha^{r-k} V_1(0,k) + \sum_{k=1}^{N_1} \alpha^{r-k} V_2(k,0) + \sum_{k=0}^{r-1} \alpha^{r-k} W(k). \tag{2.16}$$

类似于情形 1 的证明, 我们可以得到

$$x^{\mathrm{T}}(i,j) L x(i,j) < \frac{\max\{1,\alpha^{N_2}\} N_2 [\lambda_{\max}(\widetilde{P}) c_0 + \lambda_{\max}(M)\omega]}{\lambda_{\min}(\widetilde{P})} < c.$$

情形 3　当 $N_2 < r \leqslant N_1 + N_2$ 时, 有

$$E(r) < \alpha E(r-1) + \alpha W(r-1).$$

通过简单计算, 可得

$$E(r) < \alpha^{r-N_2} E(N_2) + \sum_{k=N_2}^{r-1} \alpha^{r-k} W(k)$$

$$< \sum_{k=1}^{N_2} \alpha^{r-k} V_1(0,k) + \sum_{k=1}^{N_1} \alpha^{r-k} V_2(k,0) + \sum_{k=0}^{r-1} \alpha^{r-k} W(k)$$

$$< N_2 \alpha_0 \lambda_{\max}(\widetilde{P}) c_0 + (N_1+N_2) \alpha_0 \lambda_{\max}(M)\omega. \tag{2.17}$$

因此, 如果条件 (2.8b) 成立, 显然可得 $x^{\mathrm{T}}(i,j) L x(i,j) < c$.

综上所述, 由定义 2.1 可得闭环系统 (2.4) 关于参数 $(c_0, c, N_1, N_2, L, \omega)$ 是有限区域有界的. 证毕.

对于有限区域稳定性这一较简单的情形, 可以得到类似于定理 2.1 的条件. 考虑如下 2D 离散 Roesser 模型:

$$\begin{bmatrix} x^{\mathrm{h}}(i+1,j) \\ x^{\mathrm{v}}(i,j+1) \end{bmatrix} = A \begin{bmatrix} x^{\mathrm{h}}(i,j) \\ x^{\mathrm{v}}(i,j) \end{bmatrix}. \tag{2.18}$$

推论 2.1

给定参数 $\alpha > 0$, 系统 (2.18) 关于参数 (c_0, c, N_1, N_2, L) 是有限区域稳定的, 如果存在一个正定的块对角矩阵 $P = \mathrm{diag}\{P_1, P_2\}$, 其中 $P_1 = P_1^{\mathrm{T}} > 0$, $P_2 = P_2^{\mathrm{T}} > 0$, 使得下列条件成立:

$$A^{\mathrm{T}} P A - \alpha P < 0, \tag{2.19a}$$

$$\mathrm{cond}(\widetilde{P}) < \frac{1}{N_0 \alpha_0} \frac{c}{c_0}, \tag{2.19b}$$

其中

$$\widetilde{P}_l = L_l^{-\frac{1}{2}} P_l L_l^{-\frac{1}{2}} \quad (l=1,2), \quad \mathrm{cond}(\widetilde{P}) = \frac{\lambda_{\max}(\widetilde{P})}{\lambda_{\min}(\widetilde{P})},$$

$$N_0 = \max\{N_1, N_2\}, \quad \alpha_0 = \max\{1, \alpha^{N_1+N_2}\}.$$

注 2.5 文献 [78] 使用数学归纳方法得到了 2D 离散 Roesser 模型的有限区域有界性的充分条件. 对于相同的问题, 本节使用斜割直线的方法, 得到了 2D 离散 Roesser 模型的有限区域有界性的另一个充分条件. 这个充分条件更类似于 1D 情形, 更直观, 形式更简洁. 因此, 本节所得到的定理 2.1 更适用于后面的耗散性研究.

2.3　有限区域耗散性

2.3.1　耗散性分析

定理 2.1 得到了闭环系统 (2.4) 有限区域有界的充分条件. 以此为基础, 通过考虑耗散性性能, 我们给出了系统 (2.4) 的有限区域耗散性条件 (定理 2.2).

定理 2.2

假设式 (2.3) 中的控制器增益矩阵 K 是给定的. 对于给定的常数 $\alpha > 0$, 闭环系统 (2.4) 关于参数 $(c_0, c, N_1, N_2, \omega)$ 是有限区域 (Q, S, R)-γ-耗散的, 若存在一个正定块对角矩阵 $P = \mathrm{diag}\{P_1, P_2\}$, 其中 $P_1 = P_1^{\mathrm{T}} > 0$, $P_2 = P_2^{\mathrm{T}} > 0$, 和一个矩阵 $M > 0$, 使得下列不等式和条件 (2.8b) 成立:

$$\Phi = \begin{bmatrix} -P & P\overline{A} & PG & PG & 0 \\ * & -\alpha P & 0 & -\overline{C}^{\mathrm{T}}S & \overline{C}^{\mathrm{T}}Q_*^{\mathrm{T}} \\ * & * & -\alpha M & 0 & 0 \\ * & * & * & \Phi_{44} & F^{\mathrm{T}}Q_*^{\mathrm{T}} \\ * & * & * & * & -I \end{bmatrix} < 0, \quad (2.20)$$

其中, $\overline{A} = A + BK$, $\overline{C} = C + DK$, $\Phi_{44} = -R + \gamma I - F^{\mathrm{T}}S - S^{\mathrm{T}}F$.

证明 通过使用 Schur 补引理, 由条件 (2.20) 易得

$$\begin{bmatrix} -P & P\overline{A} & PG \\ * & -\alpha P & 0 \\ * & * & -\alpha M \end{bmatrix} < 0. \quad (2.21)$$

定义

$$\Theta = \begin{bmatrix} 0 & I & 0 \\ 0 & 0 & I \\ P^{-1} & 0 & 0 \end{bmatrix}. \tag{2.22}$$

将式 (2.21) 的两边分别乘以 Θ 和 Θ^{T}, 然后对其使用 Schur 补引理, 可以保证条件 (2.8a) 成立. 由定理 2.1可知, 条件 (2.20) 和条件 (2.8b) 可以保证闭环系统的有限区域有界性.

现在, 我们证明闭环系统 (2.4) 的耗散性. 令

$$\Pi(i,j) = y^{\mathrm{T}}(i,j)Qy(i,j) + 2y^{\mathrm{T}}(i,j)Sw(i,j) + w^{\mathrm{T}}(i,j)(R - \gamma I)w(i,j).$$

类似于定理 2.1 的证明, 很容易得到

$$V_1(i+1,j) + V_2(i,j+1) - \alpha V(i,j) - \Pi(i,j) = \Psi^{\mathrm{T}}(i,j)\Omega\Psi(i,j), \tag{2.23}$$

其中

$$\Omega = \begin{bmatrix} \overline{A}^{\mathrm{T}}P\overline{A} - \alpha P - \overline{C}^{\mathrm{T}}Q\overline{C} & \overline{A}^{\mathrm{T}}PG - \overline{C}^{\mathrm{T}}QF - \overline{C}^{\mathrm{T}}S \\ * & G^{\mathrm{T}}PG - F^{\mathrm{T}}QF + \Phi_{44} \end{bmatrix}.$$

根据 Schur 补引理, 由条件 (2.20) 可得

$$\begin{bmatrix} -P & P\overline{A} & PG & 0 \\ * & -\alpha P & -\overline{C}^{\mathrm{T}}S & \overline{C}^{\mathrm{T}}Q_*^{\mathrm{T}} \\ * & * & \Phi_{44} & F^{\mathrm{T}}Q_*^{\mathrm{T}} \\ * & * & * & -I \end{bmatrix} < 0. \tag{2.24}$$

将式 (2.24) 的左边乘以 $\mathrm{diag}\{\Theta, I\}$, 右边乘以 $\mathrm{diag}\{\Theta, I\}$ 的转置, 可以得到

$$\begin{bmatrix} -\alpha P & -\overline{C}^{\mathrm{T}}S & \overline{A}^{\mathrm{T}} & \overline{C}^{\mathrm{T}}Q_*^{\mathrm{T}} \\ * & \Phi_{44} & G^{\mathrm{T}} & F^{\mathrm{T}}Q_*^{\mathrm{T}} \\ * & * & -P^{-1} & 0 \\ * & * & * & -I \end{bmatrix} < 0. \tag{2.25}$$

对式 (2.25) 使用 Schur 补引理, 可以导出 $\Omega < 0$, 则

$$V_1(i+1,j) + V_2(i,j+1) < \alpha V(i,j) + \Pi(i,j). \tag{2.26}$$

假设 $(n_1, n_2) \in \mathbb{N}_1 \times \mathbb{N}_2$. 观察到 $E(r) = \sum\limits_{i+j=r} V(i,j)$, 则由式 (2.26) 可得

$$0 < \alpha \sum_{i=0}^{n_1}\sum_{j=0}^{n_2} V(i,j) + \sum_{i=0}^{n_1}\sum_{j=0}^{n_2} \Pi(i,j) < \alpha \sum_{r=0}^{n_1+n_2} E(r) + \sum_{i=0}^{n_1}\sum_{j=0}^{n_2} \Pi(i,j). \tag{2.27}$$

借助于定理 2.1 的证明, 我们仍然以 $N_1 \leqslant N_2$ 为例来证明.

令 $\alpha_1 = \max\{1, \alpha^{N_1}\}$, $\alpha_2 = \max\{1, \alpha^{N_2}\}$, $\alpha_3 = \max\{1, \alpha^{N_1+N_2}\}$.

情形 1 当 $0 < r \leqslant n_1 + n_2 \leqslant N_1$ 时, 由式 (2.12) 可得

$$E(r) < \alpha_1 \left\{ \sum_{k=1}^{n_1+n_2} [V_1(0,k) + V_2(k,0)] + \sum_{k=0}^{n_1+n_2-1} W(k) \right\} < \alpha_1 \beta_1,$$

其中

$$\beta_1 = \lambda_{\max}(P) \sum_{i=1}^{n_1+n_2} \sum_{j=1}^{n_1+n_2} [h^2(j) + v^2(i)] + (n_1 + n_2)\lambda_{\max}(M)\omega,$$

则

$$\sum_{r=1}^{n_1+n_2} E(r) < (n_1 + n_2)\alpha_1 \beta_1. \tag{2.28}$$

情形 2 当 $N_1 < r \leqslant n_1 + n_2 \leqslant N_2$ 时, 由式 (2.16) 可得

$$E(r) < \alpha_2 \left[\sum_{k=1}^{n_1+n_2} V_1(0,k) + \sum_{k=1}^{N_1} V_2(k,0) + \sum_{k=0}^{n_1+n_2-1} W(k) \right] < \alpha_2 \beta_2,$$

其中

$$\beta_2 = \lambda_{\max}(P) \sum_{i=1}^{N_1} \sum_{j=1}^{n_1+n_2} [h^2(j) + v^2(i)] + (n_1 + n_2)\lambda_{\max}(M)\omega,$$

则

$$\sum_{r=1}^{n_1+n_2} E(r) < (n_1 + n_2)\alpha_2 \beta_2. \tag{2.29}$$

情形 3 当 $N_2 < r \leqslant n_1 + n_2 \leqslant N_1 + N_2$ 时, 由式 (2.17) 可知

$$E(r) < \alpha_3 \left[\sum_{k=1}^{N_2} V_1(0,k) + \sum_{k=1}^{N_1} V_2(k,0) + \sum_{k=0}^{n_1+n_2-1} W(k) \right] < \alpha_3 \beta_3,$$

其中

$$\beta_3 = \lambda_{\max}(P) \sum_{i=1}^{N_1} \sum_{j=1}^{N_2} [h^2(j) + v^2(i)] + (n_1 + n_2)\lambda_{\max}(M)\omega,$$

则

$$\sum_{r=1}^{n_1+n_2} E(r) < (n_1 + n_2)\alpha_3 \beta_3. \tag{2.30}$$

将式 (2.27)～ 式 (2.30) 结合起来, 通过简单计算可以得到, 当 $(n_1, n_2) \in$ $\mathbb{N}_1 \times \mathbb{N}_2$ 时, 有

$$\sum_{r=0}^{n_1+n_2} E(r) < \lambda_{\max}(P)[h^2(0) + v^2(0)] + (n_1 + n_2)\alpha_l\beta_l \quad (l = 1, 2, 3). \quad (2.31)$$

选取

$$\beta(x_0(i,j)) = \alpha\lambda_{\max}(P)[h^2(0) + v^2(0)] + \alpha(n_1 + n_2)\alpha_l\beta_l \quad (l = 1, 2, 3), \quad (2.32)$$

其中, $h(j)$ 和 $v(i)$ 是边界条件 (2.2), 则从式 (2.27)、式 (2.31) 和式 (2.32) 可以得到

$$0 < \sum_{i=0}^{n_1}\sum_{j=0}^{n_2} \Pi(i,j) + \alpha \sum_{r=0}^{n_1+n_2} E(r) < \sum_{i=0}^{n_1}\sum_{j=0}^{n_2} \Pi(i,j) + \beta(x_0(i,j)),$$

这说明式 (2.7) 成立. 因此, 根据定义 2.2 可以得到闭环系统 (2.4) 关于参数 $(c_0, c,$ $N_1, N_2, L, \omega)$ 是有限区域 (Q, S, R)-γ-耗散的. 证毕.

2.3.2　控制器设计

基于以上有限区域耗散性的研究, 我们解决了闭环系统 (2.4) 的有限区域控制问题. 具体来讲, 以下定理 2.3 给出了状态反馈控制器存在性的基于 LMIs 的充分条件.

定理 2.3

给定常数 $\alpha > 0$, 矩阵 Q, S, R, 其中 $Q = Q^{\mathrm{T}} = -Q_*^{\mathrm{T}}Q_* \leqslant 0$, $R = R^{\mathrm{T}}$. 若存在非负常数 $\lambda_1, \lambda_2, \lambda_3, \epsilon$, 对称正定块对角矩阵 $X = \mathrm{diag}\{X_1, X_2\}$, 其中 $X_1 > 0, X_2 > 0$, 以及矩阵 $Z > 0$, $Y = [Y_1\ Y_2]$, 使得下列不等式成立:

$$\lambda_1 I < X < \lambda_2 I, \quad \lambda_3 I < Z, \quad (2.33a)$$

$$\begin{bmatrix} \Xi & \epsilon\Upsilon_1 & \Upsilon_2^{\mathrm{T}} \\ * & -\epsilon I & 0 \\ * & * & -\epsilon I \end{bmatrix} < 0, \quad (2.33b)$$

$$\begin{bmatrix} \lambda_2 c & \lambda_2\sqrt{N_0 c_0 \alpha_0} & \lambda_2\sqrt{(N_1 + N_2)\omega\alpha_0} \\ * & \lambda_1 & 0 \\ * & * & \lambda_3 \end{bmatrix} > 0, \quad (2.33c)$$

其中

$$\Xi = \begin{bmatrix} -\widetilde{X} & A\widetilde{X} + BY & GZ & G & 0 \\ * & -\alpha\widetilde{X} & 0 & 0 & 0 \\ * & * & -\alpha Z & 0 & 0 \\ * & * & * & \Xi_{44} & F^{\mathrm{T}}Q_*^{\mathrm{T}} \\ * & * & * & * & -I \end{bmatrix},$$

$$\Upsilon_1 = \begin{bmatrix} 0 & 0 & 0 & -S & Q_*^{\mathrm{T}} \end{bmatrix}^{\mathrm{T}},$$

$$\Upsilon_2 = \begin{bmatrix} 0 & C\widetilde{X} + DY & 0 & 0 & 0 \end{bmatrix},$$

$$\Xi_{44} = -R + \gamma I - F^{\mathrm{T}}S - S^{\mathrm{T}}F, \quad \widetilde{X} = L^{-\frac{1}{2}}XL^{-\frac{1}{2}},$$

$$N_0 = \max\{N_1, N_2\}, \quad \alpha_0 = \max\{1, \alpha^{N_1+N_2}\},$$

则系统 (2.1) 关于参数 $(c_0, c, N_1, N_2, L, \omega)$ 是有限区域 (Q, S, R)-γ-耗散的. 控制器增益矩阵由 $K = Y\widetilde{X}^{-1}$ 给出.

证明 令 $\widetilde{X} = P^{-1} = \mathrm{diag}\{P_1^{-1}, P_2^{-1}\}$, $Z = M^{-1}$, $Y = KP^{-1} = K\widetilde{X}$. 将 Φ 的两边分别乘以 $\mathrm{diag}\{P^{-1}, P^{-1}, M^{-1}, I, I\}$, 可以导出

$$\widehat{\Phi} = \begin{bmatrix} -\widetilde{X} & A\widetilde{X} + BY & GZ & G & 0 \\ * & -\alpha\widetilde{X} & 0 & -(C\widetilde{X} + DY)^{\mathrm{T}}S & (C\widetilde{X} + DY)^{\mathrm{T}}Q_*^{\mathrm{T}} \\ * & * & -\alpha Z & 0 & 0 \\ * & * & * & \Phi_{44} & F^{\mathrm{T}}Q_*^{\mathrm{T}} \\ * & * & * & * & -I \end{bmatrix} < 0.$$

此外, $\widehat{\Phi} < 0$ 等价于下列不等式:

$$\Xi + \Upsilon_1\Upsilon_2 + (\Upsilon_1\Upsilon_2)^{\mathrm{T}} < 0. \tag{2.34}$$

根据引理 1.2, 对任意的常数 $\epsilon > 0$, 下列不等式可以保证不等式 (2.34) 成立:

$$\Xi + \epsilon\Upsilon_1\Upsilon_1^{\mathrm{T}} + \epsilon^{-1}\Upsilon_2^{\mathrm{T}}\Upsilon_2 < 0. \tag{2.35}$$

对条件 (2.33b) 使用 Schur 补引理, 显然可以得到不等式 (2.35).

现在, 考虑定理 2.2 的条件 (2.8b). 注意到 $\widetilde{X} = P^{-1}$, $Z = M^{-1}$, $X = L^{\frac{1}{2}}\widetilde{X}L^{\frac{1}{2}}$, 在条件 (2.33a) 下, 易知条件 (2.8b) 可以由下列不等式得到:

$$\frac{N_0 c_0 \alpha_0}{\lambda_1} + \frac{(N_1 + N_2)\omega\alpha_0}{\lambda_3} < \frac{c}{\lambda_2}. \tag{2.36}$$

然后, 通过使用 Schur 补引理, 式 (2.36) 等价于条件 (2.33c). 以上证明表明, 条件 (2.33) 保证了定理 2.2 的条件 (2.20) 和 (2.8b) 成立. 证毕.

注 2.6　从计算的角度来看, 定理 2.2 的条件 (2.8b) 很难求解. 在定理 2.3 中, 通过使用文献 [66] 提出的方法, 我们将定理 2.2 中的条件 (2.8b) 转化为基于 LMIs 的可行解问题,[136] 即条件 (2.33a) 和定理 (2.33c). 尽管条件 (2.33a) 和定理 (2.33c) 不可避免地带来了保守性, 但这些约束使得条件 (2.8b) 易通过 MATLAB 工具箱求解.

注 2.7　定理 2.3 提供了使得闭环系统 (2.4) 有限区域 (Q, S, R)-γ-耗散的控制器 (2.3) 的设计方法. 这个定理具有一般性, 通过在这个结果中选取适当的供给率函数, 可以得到其他性能, 比如有限区域无源性能、有限区域 H_∞ 性能, 以及有限区域混合无源和 H_∞ 性能等.

2.4　数 值 算 例

在这一节中, 我们将给出两个数值算例来说明所提方法的有效性.

例 2.1　(1) 考虑下列 2D 离散 Roesser 模型:

$$\left[\begin{array}{c} x^{\mathrm{h}}(i+1, j) \\ x^{\mathrm{v}}(i, j+1) \end{array} \right] = \left[\begin{array}{cc} -0.3 & 1.2 \\ -0.6 & 0.1 \end{array} \right] \left[\begin{array}{c} x^{\mathrm{h}}(i, j) \\ x^{\mathrm{v}}(i, j) \end{array} \right]. \tag{2.37}$$

假设 $c_0 = 1.5$, $c = 10$, $N_1 = N_2 = 10$, $L = I$, $x^{\mathrm{h}}(0, j) = 1.1$, $x^{\mathrm{v}}(i, 0) = -0.2$. 系统 (2.37) 的状态权重值 $x^{\mathrm{T}}(i, j) L x(i, j)$ 如图 2.1 所示. 从图 2.1 中可以看出, 非受控的系统 (2.37) 关于参数 $(1.5, 10, 10, 10, I)$ 是有限区域稳定的. 但是, 根据文献 [44] 给出的由 Roesser 模型所描述的 2D 系统的稳定性条件 (4) 可知, 当

$$z_1 = -\frac{10}{11}, \quad z_2 = 1, \quad \det \left[\begin{array}{cc} 1 + 0.3 z_1 & -1.2 z_1 \\ 0.6 z_2 & 1 - 0.1 z_2 \end{array} \right] = 0$$

时, 系统 (2.37) 不是 Lyapunov 渐近稳定的.

(2) 考虑下列 2D 离散 Roesser 模型:

$$\left[\begin{array}{c} x^{\mathrm{h}}(i+1, j) \\ x^{\mathrm{v}}(i, j+1) \end{array} \right] = \left[\begin{array}{cc} 0.9 & 0 \\ 2 & 0.9 \end{array} \right] \left[\begin{array}{c} x^{\mathrm{h}}(i, j) \\ x^{\mathrm{v}}(i, j) \end{array} \right]. \tag{2.38}$$

假设当 $0 \leqslant i, j \leqslant 10$ 时, $x_0(i, j) = [1.2 \ 1]^{\mathrm{T}}$; 当 $11 \leqslant i, j \leqslant 15$ 时, $x^{\mathrm{h}}(0, j) = 1/j$, $x^{\mathrm{v}}(i, 0) = 1/i$. 令 $c_0 = 2.5$, $c = 10$, $N_1 = N_2 = 15$ 及 $L = I$. 根据文献 [44] 给出的由 Roesser 模型所描述的 2D 系统的稳定性条件 (4), 我们可以得到

$$\det \left[\begin{array}{cc} 1 - 0.9 z_1 & 0 \\ -2 z_2 & 1 - 0.9 z_2 \end{array} \right] \neq 0 \quad (\{(z_1, z_2) | |z_1| \leqslant 1, |z_2| \leqslant 1\}),$$

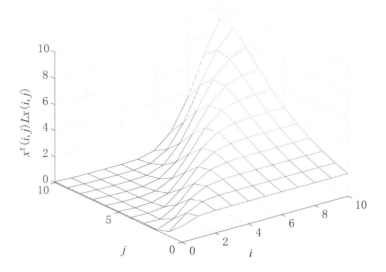

图 2.1　系统 **(2.37)** 的状态权重值 $x^{\mathrm{T}}(i,j)Lx(i,j)$

这说明系统 (2.38) 是 Lyapunov 渐近稳定的. 系统 (2.38) 的状态权重值 $x^{\mathrm{T}}(i,j)Lx(i,j)$ 如图 2.2 所示. 从图中可以看出, 非受控系统 (2.38) 关于参数 $(2.5, 10, 15, 15, I)$ 不是有限区域稳定的.

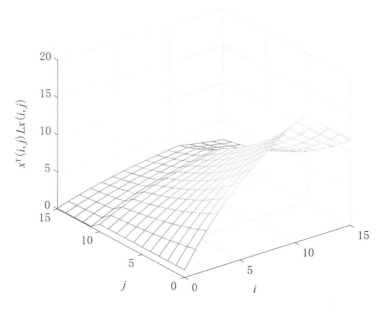

图 2.2　系统 **(2.38)** 的状态权重值 $x^{\mathrm{T}}(i,j)Lx(i,j)$

例 2.2　化学反应器、热交换器及管式炉所发生的热交换过程可以通过下列偏微分方程描述[4]:

$$\frac{\partial T(x,t)}{\partial x} = -\frac{\partial T(x,t)}{\partial t} - T(x,t) + U(t), \tag{2.39}$$

其中, $T(x,t)$ 一般表示空间 $x \in [0, x_f]$ 和时间 $t \in [0, \infty]$ 上的温度; $U(t)$ 是驱动函数.

选取

$$T(i,j) = T(i\Delta x, j\Delta t), \quad U(j) = U(j\Delta t),$$

$$\frac{\partial T(x,t)}{\partial t} = \frac{T(i, j+1) - T(i,j)}{\Delta t}, \quad \frac{\partial T(x,t)}{\partial x} = \frac{T(i,j) - T(i-1,j)}{\Delta x},$$

则偏微分方程模型 (2.39) 可以转化为如下形式:

$$T(i, j+1) = a_1 T(i-1, j) + a_2 T(i,j) + bU(j), \tag{2.40}$$

其中

$$a_1 = \frac{\Delta t}{\Delta x}, \quad a_2 = 1 - \frac{\Delta t}{\Delta x} - \Delta t, \quad b = \Delta t.$$

定义 $x^h(i,j) = T(i-1,j)$, $x^v(i,j) = T(i,j)$, 其中, $x^h(i,j)$ 表示在空间 $(i-1)\Delta x$ 和时间 $j\Delta t$ 上的温度; $x^v(i,j)$ 表示在空间 $i\Delta x$ 和时间 $j\Delta t$ 上的温度. 那么由式 (2.40) 可转化成形如式 (2.1a) 的 2D 离散 Roesser 系统, 其中

$$A = \begin{bmatrix} 0 & 1 \\ a_1 & a_2 \end{bmatrix}, \quad B = \begin{bmatrix} 0 \\ b \end{bmatrix}.$$

选取适当的参数: $b = 0.2$, $a_1 = 2$. 通过考虑有限区域耗散性能, 热过程可以建模为系统 (2.1), 给定系统中的相关矩阵:

$$G = \begin{bmatrix} 0.02 \\ 0.06 \end{bmatrix}, \quad C = \begin{bmatrix} 0.4 & 0.1 \end{bmatrix}, \quad D = 0, \quad F = 0.2.$$

令 $\alpha = 1.02$, $c_0 = 1$, $c = 8$, $N_1 = 5, N_2 = 5$, $L = 4I_2$, $\omega = 4$. 考虑外部扰动 $w(i,j) = \mathrm{e}^{-0.09(i+j)} \sin(i+j)\sin(i) + 0.05$, 以及边界条件 $x^h(0,j) = 0.4$, $x^v(i,0) = -0.9$. 从图 2.3 中可以看出, 在开环的情况下, 系统 (2.1) 关于参数 $(c_0, c, N_1, N_2, L, \omega)$ 不是有限区域有界的.

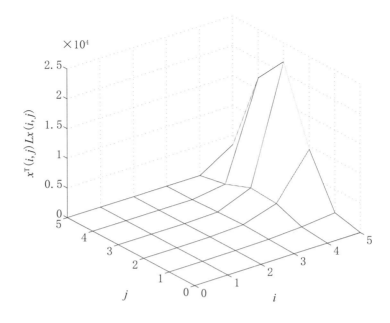

图 2.3 开环系统的状态权重值 $x^{\mathrm{T}}(i,j)Lx(i,j)$

下面, 我们设计系统 (2.1) 的有限区域耗散控制器. 选取耗散矩阵 $Q = -1$, $S = 0.1$, $R = 10$. 根据前面的分析, 我们只需验证 LMIs(2.33) 的可行解. 通过使用 MATLAB 工具箱, 求解定理 2.3 中基于 LMIs 的有限区域耗散条件, 可以得到如下可行解:

$$\epsilon = 0.6808, \quad \lambda_1 = 4.5575, \quad \lambda_2 = 5.1677, \quad \lambda_3 = 234.3800,$$

$$X = \begin{bmatrix} 5.1188 & 0 \\ 0 & 4.6076 \end{bmatrix}, \quad Y = [-12.7995 \ \ 5.4812],$$

$$Z = 247.5918, \quad K = Y\widetilde{X}^{-1} = [-10.0019 \ \ 4.7584].$$

求解的有限区域耗散性性能界为 $\gamma = 4.9484$.

闭环系统的响应 $x^{\mathrm{T}}(i,j)Lx(i,j)$ 如图 2.4 所示. 从图 2.4 中可以看出, 在指定的有限区域上, $x^{\mathrm{T}}(t,k)Lx(t,k)$ 的值被限制在给定的界 8 以内. 这说明系统 (2.4a) 是有限区域有界的.

紧接着, 我们验证指定有限区域上所得到的控制器的有限区域 (Q,S,R)-γ-耗散性. 定义如下函数:

$$\gamma_D = \frac{\boldsymbol{E}(y,w,(n_1,n_2)) + \beta(x_0(i,j))}{\langle w, w \rangle_{(n_1,n_2)}}.$$

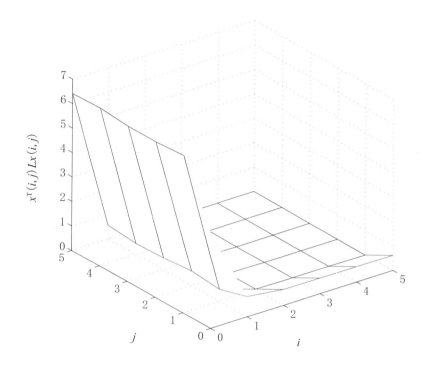

图 2.4　闭环系统的状态权重值 $x^{\mathrm{T}}(i,j)Lx(i,j)$

其中, $w(i,j) \neq 0$, 则有限区域控制的 (Q,S,R)-γ-耗散性性能式 (2.7) 等价于 $\gamma_D \geqslant \gamma$. γ_D 的最小值是 7.8416, 这个值大于所求得的最优耗散性性能 $\gamma = 4.9484$. 因此, 有限区域 (Q,S,R)-γ-耗散性的性能式 (2.7) 是可以满足的.

这个系统来源于实际的热过程, 由于实际的需求和材料的限制, 在空间 $i\Delta x$ 和时间 $j\Delta t$ 上的温度于指定的空间范围和时间区间 $\mathbb{N}_1 \times \mathbb{N}_2$ 内, 需要维持在一个期望的阈值范围内; 并且广义系统能量的增量在一个给定的空间范围和时间区间内, 不能超过在此空间和时间区间内传递给系统的广义能量供给. 在这个例子中, 指定的空间范围和时间区间 $\mathbb{N}_1 \times \mathbb{N}_2$ 内的温度在镇定之前 (图 2.3) 远远超过指定的值. 但是, 通过设计一个有限区域耗散控制器, 在指定的空间范围和时间区间 $\mathbb{N}_1 \times \mathbb{N}_2$ 内, 温度将保持在一个特定的界内, 并且可以满足控制的有限区域耗散性性能式 (2.7).

小　　结

　　本章研究了 2D 线性离散 Roesser 模型的有限区域 (Q, S, R)-γ-耗散控制. 研究主要集中于设计一个使得闭环系统有限域 (Q, S, R)-γ-耗散的状态反馈控制器. 通过使用 Lyapunov 函数且建立特殊的迭代公式, 得到了能够保证有限区域 (Q, S, R)-γ-耗散的状态反馈控制器存在的 LMIs 判别的充分条件. 最后给出数值算例, 说明了所提控制器设计的有效性.

第 3 章　2D 切换系统的耗散性

第 2 章讨论了 2D 离散系统的有限区域耗散控制问题, 本章将主要讨论 2D 离散切换系统的耗散控制问题.

关于一般的 2D 离散非切换线性系统, 文献 [108] 和文献 [109] 研究了与 Lyapunov 渐近稳定性相关的 2D 耗散性问题, 第 2 章研究了与有限区域稳定性相关的 2D 耗散性问题. 目前, 对于 2D 离散切换系统的耗散性问题, 已有一些工作研究了一类特殊的与 Lyapunov 稳定性相关的耗散性问题, 即 H_∞ 性能问题, 但是所得到的结果仅仅是加权的 H_∞ 扰动衰减水平, 在实际应用中不是一个期望的性能. 因此, 很有必要研究 2D 离散切换系统一般的耗散性问题和非加权的 H_∞ 性能问题. 基于此, 本章将 1D 切换系统的驻留时间依赖的储能函数方法[117]推广到 2D 离散切换系统, 使用驻留时间依赖的 Lyapunov 函数方法研究 2D 离散切换 FMLSS 模型的耗散控制问题. 特别地, 作为耗散性的一个特例, 所得到的 H_∞ 性能是非加权的.

3.1　问 题 描 述

考虑如下 2D 离散切换 FMLSS 模型:

$$x(i+1,j+1) = A_{1\sigma(i,j+1)}x(i,j+1) + A_{2\sigma(i+1,j)}x(i+1,j)$$
$$+ B_{1\sigma(i,j+1)}u(i,j+1) + B_{2\sigma(i+1,j)}u(i+1,j), \tag{3.1a}$$
$$y(i,j) = C_{\sigma(i,j)}x(i,j) + D_{\sigma(i,j)}u(i,j), \tag{3.1b}$$

其中, $x(i,j) \in \mathbb{R}^n$ 是状态向量; $u(i,j) \in \mathbb{R}^m$ 是输入; $y(i,j) \in \mathbb{R}^q$ 是可测输出; $(i,j) \in \mathbb{N}^+ \times \mathbb{N}^+$, $\sigma(i,j) \to \mathcal{L} = \{1,2,\cdots,M\}$ 是切换信号, M 是子系统的个数. 切换信号是一个关于时间的分段函数. A_{1k}, A_{2k}, B_{1k}, B_{2k}, C_k, $D_k(k \in \mathcal{L})$ 是适维的常实值矩阵. 为方便起见, 引入记号 $A_k = [A_{1k}\ A_{2k}]$, $B_k = [B_{1k}\ B_{2k}]$, $\bar{C}_k = \mathrm{diag}\{C_k, C_k\}$, $\bar{D}_k = \mathrm{diag}\{D_k, D_k\}$.

文献 [113] 给出了 2D 系统渐近稳定性的定义, 这个定义对 2D 离散切换系统仍然成立.

定义 3.1 [113]

当 $u(i,j) = 0$ 时, 2D 离散切换系统 (3.1) 被称为 Lyapunov 意义下渐近稳定的, 如果满足以下两个条件:

(1) 对任意的 $\epsilon > 0$, 存在 $\delta(\epsilon) > 0$, 若 $\|x(0,j)\| < \delta$, $\|x(i,0)\| < \delta$, 则 $\|x(i,j)\| < \epsilon (\forall\, i, j > 0)$;

(2) 当 $\lim\limits_{j \to \infty} \|x(0,j)\| = 0$, $\lim\limits_{i \to \infty} \|x(i,0)\| = 0$ 时, $\lim\limits_{i+j \to \infty} \|x(i,j)\| = 0$.

假设系统 (3.1) 的边界条件满足

$$
\begin{aligned}
&x(0,j) = v_j \quad (\forall\, 0 \leqslant j \leqslant z_2), \\
&x(i,0) = w_i \quad (\forall\, 0 \leqslant i \leqslant z_1), \\
&v_0 = w_0 \quad (i = j = 0), \\
&x(0,j) = 0 \quad (\forall\, j > z_2), \\
&x(i,0) = 0 \quad (\forall\, i > z_1),
\end{aligned}
\tag{3.2}
$$

其中, v_j 和 w_i 是给定的向量; z_1 和 z_2 是给定的整数.

假设切换只发生在斜线 $i + j$ 上, 也就是说, $\sigma(i,j)$ 的值只依赖于 $i+j$. 当 $i+j = \kappa$ 时, 记 $\sigma(i,j) = \sigma(\kappa)$. 令 $i_l + j_l = \kappa_l (l = 0, 1, 2, \cdots)$ 表示第 l 次切换时刻. 我们将切换时刻序列 $\sigma(\kappa)$ 表示为 $(\kappa_0, \kappa_1, \cdots, \kappa_l, \kappa_{l+1}, \cdots)$, 则当 $\sigma(\kappa_l) = k \in \mathcal{L}$ 时, 第 k 个子系统在区间 $[\kappa_l, \kappa_{l+1})$ 上是激活的. 在本章中, 我们关注的是一类连续的间隔不小于一个正实数 (称这个正实数为驻留时间 τ) 的切换信号. 给定一个常数 $\tau > 0$, 令 $\mathcal{D}_\tau$ 表示切换信号 $\sigma(\kappa)$ 的集合, 其连续的间隔不小于 τ, 即 $\kappa_{l+1} - \kappa_l \geqslant \tau (l = 1, 2, \cdots)$.

引入记号

$$
\bar{x}(i,j) = \begin{bmatrix} x(i+1,j) \\ x(i,j+1) \end{bmatrix}, \quad
\bar{y}(i,j) = \begin{bmatrix} y(i+1,j) \\ y(i,j+1) \end{bmatrix}, \quad
\bar{u}(i,j) = \begin{bmatrix} u(i+1,j) \\ u(i,j+1) \end{bmatrix}.
$$

文献 [108] 和文献 [109] 考虑了 2D 系统在矩形区域上的 (Q, S, R)-γ-耗散性问题. 由于 2D 离散切换系统的切换律是沿着斜割线 $i + j = \kappa$ 定义的, 现有的矩形区域上的耗散性定义不再适用于 2D 离散切换系统. 基于此, 结合切换信号 $\sigma(i,j)$ 的设计, 我们考虑 2D 切换 FMLSS 模型 (3.1) 在三角形区域上的 (Q, S, R)-γ-耗散性定义.

> **定义 3.2**
>
> 　　给定一个常数 $\gamma > 0$, 两个实对称矩阵 Q, R, 和一个矩阵 S, 则由 FMLSS 模型所描述的 2D 离散切换系统 (3.1) 被称为是严格 (Q,S,R)-γ-耗散的, 如果对一个给定的切换信号 $\sigma(i,j)$ 和任意的 $T \geqslant 0$, 下列不等式在零边界条件下成立:
>
> $$\sum_{s=0}^{T} \sum_{i+j=s} \bar{y}^{\mathrm{T}}(i,j) Q \bar{y}(i,j) + 2 \sum_{s=0}^{T} \sum_{i+j=s} \bar{y}^{\mathrm{T}}(i,j) S \bar{u}(i,j)$$
>
> $$+ \sum_{s=0}^{T} \sum_{i+j=s} \bar{u}^{\mathrm{T}}(i,j) R \bar{u}(i,j)$$
>
> $$\geqslant \gamma \sum_{s=0}^{T} \sum_{i+j=s} \bar{u}^{\mathrm{T}}(i,j) \bar{u}(i,j). \tag{3.3}$$
>
> 不失一般性, 我们假设 $Q \leqslant 0$ 及 $-Q = Q_*^{\mathrm{T}} Q_*$.

　　注 3.1　当 $\bar{u}(i,j) \neq 0$ 时, 在定义 3.2 中, 常数 γ 被看作一个决定耗散严格性的可调参数.[108] 参数 γ 的值越大, 系统所能容许的不确定性和扰动越大. 满足不等式 (3.3) 的 γ 的最大值称为最优耗散性能界 γ^*.

　　注 3.2　类似于一般的 2D 系统[108], 2D 离散切换系统的 (Q,S,R)-γ-耗散性包含了不同形式的耗散性. 比如, 当 $m = q$ 时, 令 $Q = 0$, $S = I$, $R = 2\gamma I$, 则上面的不等式 (3.3) 变为

$$2 \sum_{s=0}^{T} \sum_{i+j=s} \bar{y}^{\mathrm{T}}(i,j) \bar{u}(i,j) + \gamma \sum_{s=0}^{T} \sum_{i+j=s} \bar{u}^{\mathrm{T}}(i,j) \bar{u}(i,j) \geqslant 0, \tag{3.4}$$

称为系统在三角形区域上的无源性. 令 $Q = -I$, $S = 0$, $R = (\gamma^2 + \gamma)I$, 当 $T \to \infty$ 时, 由不等式 (3.3) 可以得到非加权的 H_∞ 性能指标, 即

$$\sum_{i=0}^{\infty} \sum_{j=0}^{\infty} \|\bar{y}(i,j)\|^2 \leqslant \gamma^2 \sum_{i=0}^{\infty} \sum_{j=0}^{\infty} \|\bar{u}(i,j)\|^2, \tag{3.5}$$

其中, γ 称为 H_∞ 性能水平.

　　本章的目的是找到一类使得 2D 离散切换系统 (3.1) 严格 (Q,S,R)-γ-耗散且渐近稳定的切换信号. 对于 2D 离散切换系统 (3.1), Lyapunov 函数的自然选择是多 Lyapunov 函数, 即 $V_k(i,j) = x^{\mathrm{T}}(i,j)(P_{1k} + P_{2k})x(i,j)$, 其中 $P_{1k}, P_{2k} > 0$ ($k \in \mathcal{L}$). 多 Lyapunov 函数是使用平均驻留时间分析 2D 切换系统稳定性的一个有用工具.[54,116,118-119,134] 注意到尽管多 Lyapunov 函数和平均驻留时间方法已

经解决了 2D 切换系统的 H_∞ 性能问题, 但是这些方法不适用于 2D 切换系统的耗散性分析. 因此, 受 1D 切换系统的驻留时间依赖的储能函数方法[17]的启发, 为了实现本章的目的, 针对 2D 离散切换系统 (3.1), 我们提出了一个关于特定驻留时间 τ 依赖的 Lyapunov 函数, 其形式为

$$V_k(i,j) = x^\mathrm{T}(i,j)[P_{1k}(\kappa) + P_{2k}(\kappa)]x(i,j) \quad (i + j = \kappa, k \in \mathcal{L}),$$

其中, 驻留时间依赖的矩阵 $P_{1k}(\kappa), P_{2k}(\kappa)(k \in \mathcal{L})$ 满足

$$P_{1k}(\kappa) = P_{1k,h}, \quad P_{2k}(\kappa) = P_{2k,h},$$

式中

$$h = \begin{cases} \kappa - \kappa_l, & \kappa \in [\kappa_l, \kappa_l + \tau), \\ \tau, & \kappa \in [\kappa_l + \tau, \kappa_{l+1}). \end{cases} \tag{3.6}$$

对于驻留时间依赖的 Lyapunov 函数, 驻留时间依赖的矩阵需要按区间划分. 也就是说, $P_{1k}(\kappa), P_{2k}(\kappa)$ 在区间 $[\kappa_l, \kappa_l + \tau)$ 上取 $P_{1k,h}, P_{2k,h}$ $(h = 0, 1, \cdots, \tau - 1)$, 在 $[\kappa_l + \tau, \kappa_{l+1})$ 上保持常数矩阵 $P_{1k,\tau}, P_{2k,\tau}$. 另外, 在切换时刻, 驻留时间依赖的 Lyapunov 函数需要满足

$$V_p(i,j) \geqslant V_k(i,j) \quad (i + j = \kappa_l, p \in \mathcal{L}_k, k \in \mathcal{L}),$$

其中, 集合 $\mathcal{L}_k$ 定义为 $\mathcal{L}_k = \{p:$ 可以切换到子系统 k 的子系统$\}$.

注 3.3 众所周知, 多 Lyapunov 函数是公共 Lyapunov 函数的推广. 多 Lyapunov 函数容许不同子系统使用不同的 Lyapunov 函数. 驻留时间依赖的 Lyapunov 函数指的是 Lyapunov 函数不只依赖于子系统, 还依赖于驻留时间, 并且进一步将区间 $[\kappa_l, \kappa_{l+1})$ 分成两部分. 尽管驻留时间依赖的 Lyapunov 函数增加了计算的复杂度, 但是更容易得到可行解. 并且应用多 Lyapunov 函数方法研究 2D 切换系统的 H_∞ 问题, 只能得到加权的性能指标, 而应用改进的驻留时间依赖的 Lyapunov 函数方法研究 2D 切换系统的 H_∞ 问题, 得到的是非加权的性能指标.

为了证明本章的结果, 给出以下引理:

引理 3.1

当 $u(i,j) = 0$ 时, 2D 离散切换系统 (3.1) 在切换信号 $\sigma(i,j) \in \mathcal{D}_\tau$ 下是渐近稳定的, 如果它的方向增量

$$\Delta V_k(i,j) = \Delta V_k^1(i,j) + \Delta V_k^2(i,j) \quad (\forall\, k \in \mathcal{L})$$

和

$$\Delta V_{pk}(i,j) = \Delta V_{pk}^1(i,j) + \Delta V_{pk}^2(i,j) \quad (\forall\, p \in \mathcal{L}_k,\ k \in \mathcal{L})$$

是负定的, 其中

$$\Delta V_k^1(i,j) = V_k^1(i+1,j+1) - V_k^1(i,j+1),$$
$$\Delta V_k^2(i,j) = V_k^2(i+1,j+1) - V_k^2(i,j+1),$$
$$\Delta V_{pk}^1(i,j) = V_k^1(i+1,j+1) - V_p^1(i,j+1),$$
$$\Delta V_{pk}^2(i,j) = V_k^2(i+1,j+1) - V_p^2(i,j+1),$$

$V_k(i,j)$ 是 2D 离散切换系统 (3.1) 的驻留时间依赖的 Lyapunov 函数.

证明　文献 [9] 给出了 2D 线性 FMLSS 模型的一个稳定性判据, 类似于文献 [9] 中引理 1.4 的证明, 很容易得到 2D 离散切换系统 (3.1) 在引理 4.1 的条件下是渐近稳定的.

接下来, 我们将使用驻留时间依赖的 Lyapunov 函数方法研究 2D 离散切换系统 (3.1) 的稳定性和耗散性.

3.2　Lyapunov 稳定性

当 $u(i,j) = 0$ 时, 我们给出系统 (3.1) 渐近稳定的充分条件.

定理 3.1

当 $u(i,j) = 0$ 时, 考虑系统 (3.1) 和一类切换信号 $\sigma(i,j) \in \mathcal{D}_\tau$. 如果存在矩阵 $P_{1k,h} > 0$, $P_{2k,h} > 0$(其中 $h = 0, 1, \cdots, \tau$, 且 $k \in \mathcal{L}$), 使得对任意的 $k \in \mathcal{L}$, 有

$$\begin{bmatrix} -P_{k,h} & * & * \\ P_{1k,h+1}A_k & -P_{1k,h+1} & * \\ P_{2k,h+1}A_k & 0 & -P_{2k,h+1} \end{bmatrix} < 0 \quad (h = 0, 1, \cdots, \tau-1), \quad (3.7)$$

$$\begin{bmatrix} -P_{k,\tau} & * & * \\ P_{1k,\tau}A_k & -P_{1k,\tau} & * \\ P_{2k,\tau}A_k & 0 & -P_{2k,\tau} \end{bmatrix} < 0, \quad (3.8)$$

$$P_{1k,0} - P_{1p,\tau} \leqslant 0, \quad P_{2k,0} - P_{2p,\tau} \leqslant 0, \quad p \in \mathcal{L}_k \quad (3.9)$$

成立, 其中 $P_{k,h} = \mathrm{diag}\{P_{1k,h}, P_{2k,h}\}$, 则 2D 离散切换系统 (3.1) 是渐近稳定的.

证明　给定一个驻留时间 τ, 选取如下形式的驻留时间依赖的 Lyapunov 函数:

$$V_{\sigma(\kappa)}(i,j) = V_{\sigma(\kappa)}^1(i,j) + V_{\sigma(\kappa)}^2(i,j), \tag{3.10}$$

其中

$$V_{\sigma(\kappa)}^1(i,j) = x^{\mathrm{T}}(i,j)P_{1\sigma(\kappa)}(\kappa)x(i,j),$$
$$V_{\sigma(\kappa)}^2(i,j) = x^{\mathrm{T}}(i,j)P_{2\sigma(\kappa)}(\kappa)x(i,j),$$

式中, $i+j=\kappa$, $P_{1\sigma(\kappa)}(\kappa), P_{2\sigma(\kappa)}(\kappa)$ 是驻留时间依赖的矩阵.

当 $\sigma(\kappa_l) = k \in \mathcal{L}$ 时, 定义

$$\Delta V_k(i,j) = V_k^1(i+1,j+1) + V_k^2(i+1,j+1) - [V_k^1(i,j+1) + V_k^2(i+1,j)], \tag{3.11}$$

则由式 (3.10) 和式 (3.11) 可以得到

$$\begin{aligned}
\Delta V_k(i,j) =& x^{\mathrm{T}}(i+1,j+1)[P_{1k}(\kappa+1) + P_{2k}(\kappa+1)]x(i+1,j+1) \\
& - x^{\mathrm{T}}(i,j+1)P_{1k}(\kappa)x(i,j+1) - x^{\mathrm{T}}(i+1,j)P_{2k}(\kappa)x(i+1,j) \\
=& \bar{x}^{\mathrm{T}}(i,j)\Phi_k(\kappa)\bar{x}(i,j),
\end{aligned}$$

其中

$$\Phi_k(\kappa) = A_k^{\mathrm{T}}\bar{P}_k(\kappa+1)A_k - P_k(\kappa),$$
$$\bar{P}_k(\kappa+1) = P_{1k}(\kappa+1) + P_{2k}(\kappa+1),$$
$$P_k(\kappa) = \mathrm{diag}\{P_{1k}(\kappa), P_{2k}(\kappa)\}.$$

根据式 (3.6) 中 $P_{1k}(\kappa)$ 和 $P_{2k}(\kappa)$ 的结构, 有

$$\Phi_k(\kappa) = \begin{cases} A_k^{\mathrm{T}}\bar{P}_{k,h+1}A_k - P_{k,h}, & \kappa \in [\kappa_l, \kappa_l + \tau), \\ A_k^{\mathrm{T}}\bar{P}_{k,\tau}A_k - P_{k,\tau}, & \kappa \in [\kappa_l + \tau, \kappa_{l+1}). \end{cases}$$

对式 (3.7) 和式 (3.8) 使用 Schur 补引理[136], 导出 $\Phi_k(\kappa) < 0$. 这说明对任意的 $\bar{x}(i,j) \neq 0$, 有

$$V_k(i+1,j+1) < V_k^1(i,j+1) + V_k^2(i+1,j). \tag{3.12}$$

由式 (3.12) 可得第 k 个子系统是稳定的.

假设系统 (3.1) 在切换时刻 κ_l 从子系统 p 切换到子系统 k, 当 $\kappa \in [\kappa_{l-1}, \kappa_l)$ 时, $\sigma(\kappa) = p \in \mathcal{L}_k$, 则由条件 (3.9) 可得

$$V_k(i,j) \leqslant V_p(i,j) \quad (i+j = \kappa_l). \tag{3.13}$$

令 $i' + j' + 2 = i + j = \kappa_l$, 定义

$$\Delta V_{pk}(i',j') = V_k^1(i'+1, j'+1) + V_k^2(i'+1, j'+1) \\ - [V_p^1(i', j'+1) + V_p^2(i'+1, j')], \tag{3.14}$$

则从式 (3.13) 和式 (3.14) 可以得到

$$\Delta V_{pk}(i', j')$$
$$= x^{\mathrm{T}}(i'+1, j'+1)(P_{1k,0} + P_{2k,0})x(i'+1, j'+1)$$
$$- x^{\mathrm{T}}(i', j'+1)P_{1p}(\kappa_l - 1)x(i', j'+1) - x^{\mathrm{T}}(i'+1, j')P_{2p}(\kappa_l - 1)x(i'+1, j')$$
$$\leqslant x^{\mathrm{T}}(i'+1, j'+1)(P_{1p,\tau} + P_{2p,\tau})x(i'+1, j'+1)$$
$$- x^{\mathrm{T}}(i', j'+1)P_{1p}(\kappa_l - 1)x(i', j'+1) - x^{\mathrm{T}}(i'+1, j')P_{2p}(\kappa_l - 1)x(i'+1, j')$$
$$= \left[\begin{array}{c} x(i'+1, j') \\ x(i', j'+1) \end{array} \right]^{\mathrm{T}} \left[A_p^{\mathrm{T}} \bar{P}_{p,\tau} A_p - P_p(\kappa_l - 1) \right] \left[\begin{array}{c} x(i'+1, j') \\ x(i', j'+1) \end{array} \right],$$

其中

$$\bar{P}_{p,\tau} = P_{1p,\tau} + P_{2p,\tau}, \quad P_p(\kappa_l - 1) = \mathrm{diag}\{P_{1p}(\kappa_l - 1), P_{2p}(\kappa_l - 1)\}.$$

当 $\kappa_l - 1 - (\kappa_{l-1} + \tau) = -1$ 时, $P_p(\kappa_l - 1) = P_{p,\tau-1}$, 且当 $\kappa_l - 1 - (\kappa_{l-1} + \tau) \geqslant 0$ 时, $P_p(\kappa_l - 1) = P_{p,\tau}$, 则由条件 (3.7) 和条件 (3.8) 可得 $\Delta V_{pk}(i', j') < 0$.

从引理 4.1 可得, 当 $u(i,j) = 0$ 时, 2D 离散切换系统 (3.1) 是渐近稳定的. 证毕.

注 3.4　通常, 如果采用多 Lyapunov 函数方法, 在切换点处, Lyapunov 矩阵需要满足 $P_{1k} \leqslant \mu P_{1p}$, $P_{2k} \leqslant \mu P_{2p}$ ($\mu > 1$). 但是当 $\mu > 1$ 时, 应用多 Lyapunov 函数方法研究 2D 切换系统的 H_∞ 问题, 得到的 H_∞ 性能指标是加权的. 本书应用驻留时间依赖的 Lyapunov 函数方法, 切换点处满足的条件是式 (3.9), 相当于多 Lyapunov 函数方法中 $\mu = 1$ 的情形. 而后面用驻留时间依赖的 Lyapunov 函数方法研究 2D 切换系统的 H_∞ 问题, 得到的是非加权的性能指标. 对于多 Lyapunov 函数, 如果切换点满足的条件中 $\mu = 1$, 则多 Lyapunov 函数退化为公共 Lyapunov 函数, 失去了使用多 Lyapunov 函数方法的意义.

注 3.5　就 2D 切换系统而言, 这里提出的驻留时间依赖的 Lyapunov 函数考虑了一个切换信号 $\sigma(i,j) \in \mathcal{D}_\tau(\tau > 0)$, 这一点区别于任意切换情形[54, 116]和平均

驻留时间[54,117-118,134]的受限切换情形. 但需要指出的是, 如果 $\tau = 0$, 那么在任意切换情形下, 驻留时间依赖的 Lyapunov 函数可以看作公共 Lyapunov 函数的推广. 在受限切换下, 现存的方法允许 Lyapunov 函数在 "切换点" 时间序列递增, 这种方法不适用于 2D 切换系统的耗散性分析.

注 3.6 定理 3.1 提出了一种确定受限切换下保证 2D 离散切换系统稳定性的可容许的最小驻留时间的方法. 最小的可容许驻留时间可以通过下式计算:

$$\tau^* = \min_{\tau > 0}\{\tau : \text{式}(3.7) \sim \text{式}(3.9)\text{成立}\}.$$

3.3 耗 散 性

3.3.1 耗散性分析

通过考虑 2D 离散切换系统 (3.1) 的 (Q, S, R)-γ-耗散性性能, 我们提出以下充分条件, 这个充分条件能够保证 2D 离散切换系统 (3.1) 的渐近稳定性和 (Q, S, R)-γ-耗散性.

定理 3.2

考虑系统 (3.1) 和一类切换信号 $\sigma(i, j) \in \mathcal{D}_\tau$. 给定一个常数 $\gamma > 0$, 两个实对称矩阵 $Q \leqslant 0$ 和 R, 以及一个矩阵 S. 2D 离散切换 FMLSS 模型 (3.1) 是渐近稳定和严格 (Q, S, R)-γ-耗散的, 如果存在矩阵 $P_{1k,h} > 0$, $P_{2k,h} > 0$(其中 $h = 0, 1, \cdots, \tau$, 且 $k \in \mathcal{L}$), 使得对任意的 $k \in \mathcal{L}$, 有

$$\begin{bmatrix} -P_{k,h} & * & * & * & * \\ -S^{\mathrm{T}}\bar{C}_k & -R + \gamma I - \mathrm{sym}\{S^{\mathrm{T}}\bar{D}_k\} & * & * & * \\ P_{1k,h+1}A_k & P_{1k,h+1}B_k & -P_{1k,h+1} & * & * \\ P_{2k,h+1}A_k & P_{2k,h+1}B_k & 0 & -P_{2k,h+1} & * \\ Q_*\bar{C}_k & Q_*\bar{D}_k & 0 & 0 & -I \end{bmatrix} < 0 \quad (h = 0, 1, \cdots, \tau - 1), \tag{3.15}$$

$$\begin{bmatrix} -P_{k,\tau} & * & * & * & * \\ -S^{\mathrm{T}}\bar{C}_k & -R + \gamma I - \mathrm{sym}\{S^{\mathrm{T}}\bar{D}_k\} & * & * & * \\ P_{1k,\tau}A_k & P_{1k,\tau}B_k & -P_{1k,\tau} & * & * \\ P_{2k,\tau}A_k & P_{2k,\tau}B_k & 0 & -P_{2k,\tau} & * \\ Q_*\bar{C}_k & Q_*\bar{D}_k & 0 & 0 & -I \end{bmatrix} < 0, \tag{3.16}$$

以及式 (3.9) 成立, 其中 $P_{k,h} = \text{diag}\{P_{1k,h}, P_{2k,h}\}$.

证明　我们首先证明当 $u(i,j) = 0$ 时, 2D 离散切换系统 (3.1) 的渐近稳定性. 根据定理 3.1, 我们只需证明条件 (3.7) 和条件 (3.8) 成立. 现在, 定义

$$\Pi = \begin{bmatrix} I & 0 & 0 & 0 & 0 \\ 0 & 0 & I & 0 & 0 \\ 0 & 0 & 0 & I & 0 \\ 0 & I & 0 & 0 & 0 \\ 0 & 0 & 0 & 0 & I \end{bmatrix}.$$

将式 (3.15) 和式 (3.16) 的两边分别乘以 Π 和 Π^{T}, 可以导出

$$\begin{bmatrix} -P_{k,h} & * & * & * & * \\ P_{1k,h+1}A_k & -P_{1k,h+1} & * & * & * \\ P_{2k,h+1}A_k & 0 & -P_{2k,h+1} & * & * \\ -S^{\mathrm{T}}\bar{C}_k & B_k^{\mathrm{T}}P_{1k,h+1} & B_k^{\mathrm{T}}P_{2k,h+1} & -R+\gamma I - \text{sym}\{S^{\mathrm{T}}\bar{D}_k\} & * \\ Q_*\bar{C}_k & 0 & 0 & Q_*\bar{D}_k & -I \end{bmatrix}$$
$$< 0 \quad (h = 0, 1, \cdots, \tau - 1), \tag{3.17}$$

$$\begin{bmatrix} -P_{k,\tau} & * & * & * & * \\ P_{1k,\tau}A_k & -P_{1k,\tau} & * & * & * \\ P_{2k,\tau}A_k & 0 & -P_{2k,\tau} & * & * \\ -S^{\mathrm{T}}\bar{C}_k & B_k^{\mathrm{T}}P_{1k,\tau} & B_k^{\mathrm{T}}P_{2k,\tau} & -R+\gamma I - \text{sym}\{S^{\mathrm{T}}\bar{D}_k\} & * \\ Q_*\bar{C}_k & 0 & 0 & Q_*\bar{D}_k & -I \end{bmatrix} < 0. \tag{3.18}$$

又由 Schur 补引理[136]可知, 条件 (3.17) 和条件 (3.18) 能够保证

$$\begin{bmatrix} -P_{k,h} & * & * \\ P_{1k,h+1}A_k & -P_{1k,h+1} & * \\ P_{2k,h+1}A_k & 0 & -P_{2k,h+1} \end{bmatrix} < 0 \quad (h = 0, 1, \cdots, \tau - 1)$$

和

$$\begin{bmatrix} -P_{k,\tau} & * & * \\ P_{1k,\tau}A_k & -P_{1k,\tau} & * \\ P_{2k,\tau}A_k & 0 & -P_{2k,\tau} \end{bmatrix} < 0$$

成立, 这表明条件 (3.7) 和条件 (3.8) 成立. 根据定理 3.1, 当 $u(i,j) = 0$ 时, 2D 离散切换系统 (3.1) 是渐近稳定的.

接下来, 我们证明当 $u(i,j) \neq 0$ 时 2D 离散切换系统 (3.1) 的耗散性. 给定驻留时间 τ, 考虑驻留时间依赖的 Lyapunov 函数式 (3.10). 当 $\sigma(\kappa) = k \in \mathcal{L}$ 时, 我

们可以得到

$$\begin{aligned}
\Delta V_k(i,j) &= x^{\mathrm{T}}(i+1,j+1)[P_{1k}(\kappa+1)+P_{2k}(\kappa+1)]x(i+1,j+1) \\
&\quad - [x^{\mathrm{T}}(i,j+1)P_{1k}(\kappa)x(i,j+1)+x^{\mathrm{T}}(i+1,j)P_{2k}(\kappa)x(i+1,j)] \\
&= \bar{\eta}^{\mathrm{T}}(i,j)\Psi_k(\kappa)\bar{\eta}(i,j),
\end{aligned}$$

其中

$$\bar{\eta}(i,j) = \left[\begin{array}{c} \bar{x}(i,j) \\ \bar{u}(i,j) \end{array}\right],$$

$$\Psi_k(\kappa) = \left[\begin{array}{cc} A_k^{\mathrm{T}}\bar{P}_k(\kappa+1)A_k - P_k(\kappa) & * \\ B_k^{\mathrm{T}}\bar{P}_k(\kappa+1)A_k & B_k^{\mathrm{T}}\bar{P}_k(\kappa+1)B_k \end{array}\right],$$

$$\bar{P}_k(\kappa+1) = P_{1k}(\kappa+1) + P_{2k}(\kappa+1).$$

依据式 (3.6) 中 $P_{1k}(\kappa)$ 和 $P_{2k}(\kappa)$ 的结构, 可以得到

$$\Delta V_k(i,j) = \left\{\begin{array}{ll} \bar{\eta}^{\mathrm{T}}(i,j)\Psi_{k,h}\bar{\eta}(i,j), & \kappa \in [\kappa_l, \kappa_l+\tau), \\ \bar{\eta}^{\mathrm{T}}(i,j)\Psi_{k,\tau}\bar{\eta}(i,j), & \kappa \in [\kappa_l+\tau, \kappa_{l+1}), \end{array}\right. \tag{3.19}$$

其中

$$\Psi_{k,h} = \left[\begin{array}{cc} A_k^{\mathrm{T}}\bar{P}_{k,h+1}A_k - P_{k,h} & * \\ B_k^{\mathrm{T}}\bar{P}_{k,h+1}A_k & B_k^{\mathrm{T}}\bar{P}_{k,h+1}B_k \end{array}\right],$$

$$\Psi_{k,\tau} = \left[\begin{array}{cc} A_k^{\mathrm{T}}\bar{P}_{k,\tau}A_k - P_{k,\tau} & * \\ B_k^{\mathrm{T}}\bar{P}_{k,\tau}A_k & B_k^{\mathrm{T}}\bar{P}_{k,\tau}B_k \end{array}\right].$$

令

$$\mathcal{J}(i,j) = \bar{y}^{\mathrm{T}}(i,j)Q\bar{y}(i,j) + 2\bar{y}^{\mathrm{T}}(i,j)S\bar{u}(i,j) + \bar{u}^{\mathrm{T}}(i,j)(R-\gamma I)\bar{u}(i,j),$$

易得

$$\mathcal{J}(i,j) = \bar{\eta}^{\mathrm{T}}(i,j)\Omega_k\bar{\eta}(i,j), \tag{3.20}$$

其中

$$\Omega_k = \left[\begin{array}{cc} \bar{C}_k^{\mathrm{T}}Q\bar{C}_k & * \\ \bar{D}_k^{\mathrm{T}}Q\bar{C}_k + S^{\mathrm{T}}\bar{C}_k & \bar{D}_k^{\mathrm{T}}Q\bar{D}_k + \mathrm{sym}\{S^{\mathrm{T}}\bar{D}_k\} + (R-\gamma I) \end{array}\right].$$

结合式 (3.19) 和式 (3.20), 可以得到

$$\Delta V_k(i,j) - \mathcal{J}(i,j) = \left\{\begin{array}{ll} \bar{\eta}^{\mathrm{T}}(i,j)(\Psi_{k,h}-\Omega_k)\bar{\eta}(i,j), & \kappa \in [\kappa_l, \kappa_l+\tau), \\ \bar{\eta}^{\mathrm{T}}(i,j)(\Psi_{k,\tau}-\Omega_k)\bar{\eta}(i,j), & \kappa \in [\kappa_l+\tau, \kappa_{l+1}). \end{array}\right.$$

将式 (3.15) 的两边分别乘以 $\mathrm{diag}\{I, I, P_{1k,h+1}^{-1}, P_{2k,h+1}^{-1}, I\}$, 可得条件 (3.15) 等价于

$$\begin{bmatrix} -P_{k,h} & * & * & * & * \\ -S^{\mathrm{T}}\bar{C}_k & -R+\gamma I - \mathrm{sym}\{S^{\mathrm{T}}\bar{D}_k\} & * & * & * \\ A_k & B_k & -P_{1k,h+1}^{-1} & * & * \\ A_k & B_k & 0 & -P_{2k,h+1}^{-1} & * \\ Q_*\bar{C}_k & Q_*\bar{D}_k & 0 & 0 & -I \end{bmatrix} < 0. \quad (3.21)$$

对式 (3.21) 使用 Schur 补引理[136], 我们可以得到 $\Psi_{k,h} - \Omega_k < 0$. 类似地, 将条件 (3.16) 的左右两边分别乘以 $\mathrm{diag}\{I, I, P_{1k,\tau}^{-1}, P_{2k,\tau}^{-1}, I\}$, 且使用 Schur 补引理[136], 我们可以得到 $\Psi_{k,\tau} - \Omega_k < 0$. 因此, 由条件 (3.15) 和条件 (3.16) 可以得到: 对任意的 $\bar{\eta}(i,j) \neq 0$, 有

$$\Delta V_k(i,j) - \mathcal{J}(i,j) < 0,$$

即

$$V_k(i+1, j+1) < V_k^1(i, j+1) + V_k^2(i+1, j) + \mathcal{J}(i,j). \quad (3.22)$$

当 $\kappa \in [\kappa_l, \kappa_{l+1})$, $\sigma(\kappa) = \sigma(\kappa_l) = k \in \mathcal{L}$ 时, 在零边界条件下, 并结合式 (3.22) 可得

$$\sum_{i+j=T+2} V_{\sigma(\kappa)}(i,j) < \sum_{i+j=T+1} V_{\sigma(\kappa)}(i,j) + \sum_{i+j=T} \mathcal{J}(i,j)$$

$$< \sum_{i+j=\kappa_l} V_{\sigma(\kappa_l)}(i,j) + \sum_{s=\kappa_l-1}^{T} \sum_{i+j=s} \mathcal{J}(i,j). \quad (3.23)$$

假设系统 (3.1) 在切换时刻 κ_l 从子系统 p 跳到子系统 k, 则根据条件 (3.9) 可得

$$\sum_{i+j=\kappa_l} V_{\sigma(\kappa_l)}(i,j) \leqslant \sum_{i+j=\kappa_l} V_{\sigma(\kappa_{l-1})}(i,j). \quad (3.24)$$

由式 (3.23) 和式 (3.24) 可得

$$\sum_{i+j=T+2} V_{\sigma(\kappa)}(i,j) < \sum_{i+j=\kappa_l} V_{\sigma(\kappa_l)}(i,j) + \sum_{s=\kappa_l-1}^{T} \sum_{i+j=s} \mathcal{J}(i,j)$$

$$\leqslant \sum_{i+j=\kappa_l} V_{\sigma(\kappa_{l-1})}(i,j) + \sum_{s=\kappa_l-1}^{T} \sum_{i+j=s} \mathcal{J}(i,j)$$

$$< \cdots$$

$$< \sum_{i+j=1} V_{\sigma(1)}(i,j) + \sum_{s=0}^{T} \sum_{i+j=s} \mathcal{J}(i,j). \quad (3.25)$$

在零边界条件下, 由式 (3.25) 可得

$$\sum_{i+j=T+2} V_{\sigma(\kappa)}(i,j) < \sum_{s=0}^{T} \sum_{i+j=s} \mathcal{J}(i,j). \tag{3.26}$$

又由于 $\sum\limits_{i+j=T+2} V_{\sigma(\kappa)}(i,j) > 0$, 我们可以得到对任意的 $T \geqslant 0$, 有 $\sum\limits_{s=0}^{T} \sum\limits_{i+j=s} \mathcal{J}(i,j)$ > 0, 即

$$\sum_{s=0}^{T} \sum_{i+j=s} \{\bar{y}^{\mathrm{T}}(i,j)Q\bar{y}(i,j) + 2\bar{y}^{\mathrm{T}}(i,j)S\bar{u}(i,j) + \bar{u}^{\mathrm{T}}(i,j)[R-\gamma I]\bar{u}(i,j)\} > 0.$$

这说明式 (3.3) 成立. 因此, 根据定义 3.2, 2D 离散切换系统 (3.1) 是严格 (Q,S,R)-γ-耗散的. 证毕.

作为定理 3.2 的一个特例, 当 $m = q$ 时, 令 $(Q,S,R) = (0,I,2\gamma I)$, 我们给出了 2D 离散切换系统 (3.1) 无源性的结果.

推论 3.1

考虑系统 (3.1) 和一类切换信号 $\sigma(i,j) \in \mathcal{D}_\tau$. 给定一个常数 $\gamma > 0$, 2D 离散切换 FMLSS 模型 (3.1) 是渐近稳定和无源的, 如果存在矩阵 $P_{1k,h} > 0$, $P_{2k,h} > 0$(其中 $h = 0,1,\cdots,\tau$, 且 $k \in \mathcal{L}$), 使得对任意的 $k \in \mathcal{L}$, 有

$$\begin{bmatrix} -P_{k,h} & * & * & * \\ -\bar{C}_k & -\gamma I - \mathrm{sym}\{\bar{D}_k\} & * & * \\ P_{1k,h+1}A_k & P_{1k,h+1}B_k & -P_{1k,h+1} & * \\ P_{2k,h+1}A_k & P_{2k,h+1}B_k & 0 & -P_{2k,h+1} \end{bmatrix} < 0 \quad (h=0,1,\cdots,\tau-1), \tag{3.27}$$

$$\begin{bmatrix} -P_{k,\tau} & * & * & * \\ -\bar{C}_k & -\gamma I - \mathrm{sym}\{\bar{D}_k\} & * & * \\ P_{1k,\tau}A_k & P_{1k,\tau}B_k & -P_{1k,\tau} & * \\ P_{2k,\tau}A_k & P_{2k,\tau}B_k & 0 & -P_{2k,\tau} \end{bmatrix} < 0, \tag{3.28}$$

以及式 (3.9) 成立, 其中 $P_{k,h} = \mathrm{diag}\{P_{1k,h}, P_{2k,h}\}$.

此外, 令 $(Q,S,R) = (-I,0,(\gamma^2+\gamma)I)$, 我们可以得到如下 LMIs 条件, 这个条件能够保证 2D 离散切换系统 (3.1) 渐近稳定, 且有一个指定的非加权 H_∞ 扰动衰减水平 γ.

推论 3.2

考虑系统 (3.1) 和一类切换信号 $\sigma(i,j) \in \mathcal{D}_\tau$. 给定一个常数 $\gamma > 0$, 如果存在矩阵 $P_{1k,h} > 0$, $P_{2k,h} > 0$(其中 $h = 0, 1, \cdots, \tau$, 且 $k \in \mathcal{L}$), 使得对任意的 $k \in \mathcal{L}$, 有

$$
\begin{bmatrix}
-P_{k,h} & * & * & * & * \\
0 & -\gamma^2 I & * & * & * \\
P_{1k,h+1}A_k & P_{1k,h+1}B_k & -P_{1k,h+1} & * & * \\
P_{2k,h+1}A_k & P_{2k,h+1}B_k & 0 & -P_{2k,h+1} & * \\
\bar{C}_k & \bar{D}_k & 0 & 0 & -I
\end{bmatrix}
$$
$$
< 0 \quad (h = 0, 1, \cdots, \tau - 1), \tag{3.29}
$$

$$
\begin{bmatrix}
-P_{k,\tau} & * & * & * & * \\
0 & -\gamma^2 I & * & * & * \\
P_{1k,\tau}A_k & P_{1k,\tau}B_k & -P_{1k,\tau} & * & * \\
P_{2k,\tau}A_k & P_{2k,\tau}B_k & 0 & -P_{2k,\tau} & * \\
\bar{C}_k & \bar{D}_k & 0 & 0 & -I
\end{bmatrix} < 0, \tag{3.30}
$$

以及式 (3.9) 成立, 则 2D 离散切换 FMLSS 模型 (3.1) 是渐近稳定的, 且有一个指定的非加权 H_∞ 噪声衰减水平 γ, 其中 $P_{k,h} = \text{diag}\{P_{1k,h}, P_{2k,h}\}$.

注 3.7　推论 3.2 所得到的 H_∞ 性能具有非加权的形式. 在受限切换下, 现有的文献[118,134]所得到的 H_∞ 扰动衰减性能是加权的. 从实际的工程应用来看, 非加权的 H_∞ 扰动衰减性能更好.

3.3.2　控制器设计

本小节将研究 2D 离散切换系统的耗散状态反馈控制问题. 假设子系统和相应控制器之间的切换是同步的. 考虑如下 2D 离散切换 FMLSS 模型:

$$
\begin{aligned}
x(i+1,& j+1) \\
&= A_{1\sigma(i,j+1)}x(i,j+1) + A_{2\sigma(i+1,j)}x(i+1,j) + B_{1\sigma(i,j+1)}u(i,j+1) \\
&\quad + B_{2\sigma(i+1,j)}u(i+1,j) + G_{1\sigma(i,j+1)}w(i,j+1) + G_{2\sigma(i+1,j)}w(i+1,j),
\end{aligned}
\tag{3.31a}
$$
$$
z(i,j) = E_{\sigma(i,j)}x(i,j) + F_{\sigma(i,j)}u(i,j) + H_{\sigma(i,j)}w(i,j), \tag{3.31b}
$$

其中, $x(i,j) \in \mathbb{R}^n$ 是状态向量; $u(i,j) \in \mathbb{R}^m$ 是控制输入; $z(i,j) \in \mathbb{R}^r$ 是可控输出; $A_{1k}, A_{2k}, B_{1k}, B_{2k}, E_k, F_k, G_{1k}, G_{2k}, H_k \ (k \in \mathcal{L})$ 是常的适维实矩阵.

设计如下驻留时间依赖的耗散状态反馈控制器:

$$u(i,j) = K_k(\kappa)x(i,j) \quad (k \in \mathcal{L}), \tag{3.32}$$

其中

$$K_k(\kappa) = K_{k,h}, \quad h = \begin{cases} \kappa - \kappa_{\bar{i}}, & \kappa \in [\kappa_l, \kappa_l + \tau), \\ \tau, & \kappa \in [\kappa_l + \tau, \kappa_{l+1}). \end{cases} \tag{3.33}$$

控制器增益 $K_{k,h}(h = 0, 1, \cdots, \tau, 且 k \in \mathcal{L})$ 需要被确定.

结合控制器式 (3.32), 2D 离散切换系统 (3.31) 相应的闭环系统可以表示为

$$\begin{aligned} x(i+1,j+1) &= [A_{1\sigma(i,j+1)} + B_{1\sigma(i,j+1)}K_{\sigma(i,j+1)}(i,j+1)]x(i,j+1) \\ &\quad + [A_{2\sigma(i+1,j)} + B_{2\sigma(i+1,j)}K_{\sigma(i+1,j)}(i+1,j)]x(i+1,j) \\ &\quad + G_{1\sigma(i,j+1)}w(i,j+1) + G_{2\sigma(i+1,j)}w(i+1,j), \end{aligned} \tag{3.34a}$$

$$z(i,j) = [E_{\sigma(i,j)} + F_{\sigma(i,j)}K_{\sigma(i,j)}(i,j)]x(i,j) + H_{\sigma(i,j)}w(i,j). \tag{3.34b}$$

记 $\bar{w}(i,j) = [w^{\mathrm{T}}(i,j+1) \quad w^{\mathrm{T}}(i+1,j)]^{\mathrm{T}}$, 则系统 (3.34) 的 (Q,S,R)-γ-耗散性性能 (3.3) 可以表示为

$$\sum_{s=0}^{T} \sum_{i+j=s} \bar{z}^{\mathrm{T}}(i,j)Q\bar{z}(i,j) + 2\sum_{s=0}^{T} \sum_{i+j=s} \bar{z}^{\mathrm{T}}(i,j)S\bar{w}(i,j) + \sum_{s=0}^{T} \sum_{i+j=s} \bar{w}^{\mathrm{T}}(i,j)R\bar{w}(i,j)$$

$$\geqslant \gamma \sum_{s=0}^{T} \sum_{i+j=s} \bar{w}^{\mathrm{T}}(i,j)\bar{w}(i,j). \tag{3.35}$$

本小节的目的是找到一类切换信号且设计一个驻留时间依赖的耗散状态反馈控制器, 来保证闭环系统 (3.34) 的渐近稳定性和 (Q,S,R)-γ-耗散性. 借助于定理 3.2, 我们可以得到系统 (3.34) 渐近稳定性和耗散性相应的结果.

定理 3.3

考虑系统 (3.34) 和一类切换信号 $\sigma(i,j) \in \mathcal{D}_\tau$. 给定一个常数 $\gamma > 0$, 两个实对称矩阵 $Q \leqslant 0$, R, 以及一个矩阵 S. 2D 闭环离散切换 FMLSS 模型 (3.34) 是渐近稳定和严格 (Q,S,R)-γ-耗散的, 如果存在矩阵 $P_{1k,h} > 0$, $P_{2k,h} > 0$(其中 $h = 0, 1, \cdots, \tau$, 且 $k \in \mathcal{L}$), 使得对任意的 $k \in \mathcal{L}$, 有

$$
\begin{bmatrix}
-P_{k,h} & * & * & * & * \\
-S^{\mathrm{T}}\widehat{C}_k & -R+\gamma I-\mathrm{sym}\{S^{\mathrm{T}}\widehat{D}_k\} & * & * & * \\
P_{1k,h+1}\widehat{A}_k & P_{1k,h+1}\widehat{B}_k & -P_{1k,h+1} & * & * \\
P_{2k,h+1}\widehat{A}_k & P_{2k,h+1}\widehat{B}_k & 0 & -P_{2k,h+1} & * \\
Q_*\widehat{C}_k & Q_*\widehat{D}_k & 0 & 0 & -I
\end{bmatrix}
$$
$$
< 0 \quad (h=0,1,\cdots,\tau-1), \tag{3.36}
$$

$$
\begin{bmatrix}
-P_{k,\tau} & * & * & * & * \\
-S^{\mathrm{T}}\widehat{C}_k & -R+\gamma I-\mathrm{sym}\{S^{\mathrm{T}}\widehat{D}_k\} & * & * & * \\
P_{1k,\tau}\widehat{A}_k & P_{1k,\tau}\widehat{B}_k & -P_{1k,\tau} & * & * \\
P_{2k,\tau}\widehat{A}_k & P_{2k,\tau}\widehat{B}_k & 0 & -P_{2k,\tau} & * \\
Q_*\widehat{C}_k & Q_*\widehat{D}_k & 0 & 0 & -I
\end{bmatrix} < 0, \tag{3.37}
$$

以及式 (3.9) 成立, 其中

$$
\widehat{A}_k = [A_{1k}+B_{1k}K_{k,h} \quad A_{2k}+B_{2k}K_{k,h}] = A_k+B_kK_{k,h}, \quad \widehat{B}_k = [G_{1k} \quad G_{2k}],
$$
$$
\widehat{C}_k = \mathrm{diag}\{E_k+F_kK_{k,h}, E_k+F_kK_{k,h}\}, \quad \widehat{D}_k = \mathrm{diag}\{H_k,H_k\},
$$
$$
P_{k,h} = \mathrm{diag}\{P_{1k,h},P_{2k,h}\}. \tag{3.38}
$$

当考虑耗散状态反馈的控制问题时, 条件 (3.36) 和条件 (3.37) 均涉及未知的控制器增益矩阵 $K_{k,h}$(其中 $h=0,1,\cdots,\tau$, 且 $k\in\mathcal{L}$), 以及未知的正定矩阵 $P_{1k,h}$, $P_{2k,h}$(其中 $h=0,1,\cdots,\tau$, 且 $k\in\mathcal{L}$). 这些未知的矩阵导致条件 (3.36) 和条件 (3.37) 很难用 LMI 工具箱求解. 在下面的定理中, 我们同时设计了切换信号和控制器增益, 给出了定理 3.3 的 LMIs 可行解条件.

为了求解耗散状态反馈的增益矩阵 $K_{k,h}$(其中 $h=0,1,\cdots,\tau$, 且 $k\in\mathcal{L}$), 我们将矩阵 Q_*, R, S 划分为

$$
Q_* = \begin{bmatrix} Q_*^1 & Q_*^2 \end{bmatrix}, \quad S = \begin{bmatrix} S_1 & S_2 \\ S_3 & S_4 \end{bmatrix}, \quad R = \begin{bmatrix} R_1 & R_2 \\ R_2^{\mathrm{T}} & R_3 \end{bmatrix}.
$$

定理 3.4

给定一个常数 $\gamma>0$, 两个实对称矩阵 $Q\leqslant 0$, R, 以及一个矩阵 S. 考虑系统 (3.31), 如果存在矩阵 $X_{1k,h}>0$, $X_{2k,h}>0$, $Y_{k,h}$(其中 $h=0,1,\cdots,\tau$, 且 $k\in\mathcal{L}$), 使得对任意的 $k\in\mathcal{L}$, 有

$$
\begin{bmatrix}
-X_{1k,h} & * & * & * & * & * & * \\
0 & X_{2k,h}-2X_{1k,h} & * & * & * & * & * \\
-S_1^{\mathrm{T}} E_k X_{1k,h} - S_1^{\mathrm{T}} F_k Y_{k,h} & -S_3^{\mathrm{T}} E_k X_{1k,h} - S_3^{\mathrm{T}} F_k Y_{k,h} & -R_1+\gamma I-\mathrm{sym}\{S_1^{\mathrm{T}}H_k\} & * & * & * & * \\
-S_2^{\mathrm{T}} E_k X_{1k,h} - S_2^{\mathrm{T}} F_k Y_{k,h} & -S_4^{\mathrm{T}} E_k X_{1k,h} - S_4^{\mathrm{T}} F_k Y_{k,h} & -R_2^{\mathrm{T}} - S_2^{\mathrm{T}} H_k - H_k^{\mathrm{T}} S_3 & -R_3+\gamma I-\mathrm{sym}\{S_4^{\mathrm{T}}H_k\} & * & * & * \\
A_{1k}X_{1k,h}+B_{1k}Y_{k,h} & A_{2k}X_{1k,h}+B_{2k}Y_{k,h} & G_{1k} & G_{2k} & -X_{1k,h+1} & * & * \\
A_{1k}X_{1k,h}+B_{1k}Y_{k,h} & A_{2k}X_{1k,h}+B_{2k}Y_{k,h} & G_{1k} & G_{2k} & 0 & -X_{2k,h+1} & * \\
Q_*^1 E_k X_{1k,h}+Q_*^1 F_k Y_{k,h} & Q_*^2 E_k X_{1k,h}+Q_*^2 F_k Y_{k,h} & Q_*^1 H_k & Q_*^2 H_k & 0 & 0 & -I
\end{bmatrix}
$$
$$< 0 \quad (h=0,1,\cdots,\tau-1), \tag{3.39}$$

$$
\begin{bmatrix}
-X_{1k,\tau} & * & * & * & * & * & * \\
0 & X_{2k,\tau}-2X_{1k,\tau} & * & * & * & * & * \\
-S_1^{\mathrm{T}} E_k X_{1k,\tau} - S_1^{\mathrm{T}} F_k Y_{k,\tau} & -S_3^{\mathrm{T}} E_k X_{1k,\tau} - S_3^{\mathrm{T}} F_k Y_{k,\tau} & -R_1+\gamma I-\mathrm{sym}\{S_1^{\mathrm{T}}H_k\} & * & * & * & * \\
-S_2^{\mathrm{T}} E_k X_{1k,\tau} - S_2^{\mathrm{T}} F_k Y_{k,\tau} & -S_4^{\mathrm{T}} E_k X_{1k,\tau} - S_4^{\mathrm{T}} F_k Y_{k,\tau} & -R_2^{\mathrm{T}} - S_2^{\mathrm{T}} H_k - H_k^{\mathrm{T}} S_3 & -R_3+\gamma I-\mathrm{sym}\{S_4^{\mathrm{T}}H_k\} & * & * & * \\
A_{1k}X_{1k,\tau}+B_{1k}Y_{k,\tau} & A_{2k}X_{1k,\tau}+B_{2k}Y_{k,\tau} & G_{1k} & G_{2k} & -X_{1k,\tau} & * & * \\
A_{1k}X_{1k,\tau}+B_{1k}Y_{k,\tau} & A_{2k}X_{1k,\tau}+B_{2k}Y_{k,\tau} & G_{1k} & G_{2k} & 0 & -X_{2k,\tau} & * \\
Q_*^1 E_k X_{1k,\tau}+Q_*^1 F_k Y_{k,\tau} & Q_*^2 E_k X_{1k,\tau}+Q_*^2 F_k Y_{k,\tau} & Q_*^1 H_k & Q_*^2 H_k & 0 & 0 & -I
\end{bmatrix}
$$
$$< 0, \tag{3.40}$$

以及

$$\begin{bmatrix} -X_{1p,\tau} & * \\ X_{1p,\tau} & -X_{1k,0} \end{bmatrix} \leqslant 0,$$

$$\begin{bmatrix} -X_{2p,\tau} & * \\ X_{2p,\tau} & -X_{2k,0} \end{bmatrix} \leqslant 0 \quad (p \in \mathcal{L}_k) \tag{3.41}$$

成立, 则在一类切换信号 $\sigma(i,j) \in D_\tau$ 下, 2D 闭环离散切换 FMLSS 模型 (3.34) 是渐近稳定和严格 (Q,S,R)-γ-耗散的, 其中式 (3.33) 中的控制器增益 $K_k(\kappa)$ $(k \in \mathcal{L})$ 由

$$K_{k,h} = Y_{k,h} X_{1k,h}^{-1}$$

(其中 $h = 0,1,\cdots,\tau$, 且 $k \in \mathcal{L}$) 给出.

证明　引入记号 $X_{k,h} = \mathrm{diag}\{X_{1k,h}, X_{2k,h}\}$. 由于控制器增益式 (3.33) 的结构, 将 $Y_{k,h} = K_{k,h} X_{1k,h}$(其中 $h = 0,1,\cdots,\tau$, 且 $k \in \mathcal{L}$) 代入, 并通过 $\mathrm{diag}\{X_{1k,h}^{-1}, X_{1k,h}^{-1}, I, I, X_{1k,h+1}^{-1}, X_{2k,h+1}^{-1}, I\}$ 对式 (3.39) 进行一次合同变换, 且注意到 $-X_{1k,h} X_{2k,h}^{-1} X_{1k,h} < X_{2k,h} - 2X_{1k,h}$(引理 1.3), 则由条件 (3.39) 可以导出如下 LMI:

$$\begin{bmatrix} -X_{k,h}^{-1} & * & * & * & * \\ -S^{\mathrm{T}}\widehat{C}_k & -R+\gamma I - \mathrm{sym}\{S^{\mathrm{T}}\widehat{D}_k\} & * & * & * \\ X_{1k,h+1}^{-1}\widehat{A}_k & X_{1k,h+1}^{-1}\widehat{B}_k & -X_{1k,h+1}^{-1} & * & * \\ X_{2k,h+1}^{-1}\widehat{A}_k & X_{2k,h+1}^{-1}\widehat{B}_k & 0 & -X_{2k,h+1}^{-1} & * \\ Q_*\widehat{C}_k & Q_*\widehat{D}_k & 0 & 0 & -I \end{bmatrix}$$

$$< 0 \quad (h = 0,1,\cdots,\tau-1), \tag{3.42}$$

其中, $\widehat{A}_k, \widehat{B}_k, \widehat{C}_k, \widehat{D}_k$ 在式 (3.38) 中定义. 令 $X_{1k,h} = P_{1k,h}^{-1}$, $X_{2k,h} = P_{2k,h}^{-1}$, 并结合式 (3.38), 我们可以得到式 (3.42) 等价于 LMI 的式 (3.36).

类似地, 将 $Y_{k,\tau} = K_{k,\tau} X_{1k,\tau}(k \in \mathcal{L})$ 代入, 并通过 $\mathrm{diag}\{X_{1k,\tau}^{-1}, X_{1k,\tau}^{-1}, I, I, X_{1k,\tau}^{-1}, X_{2k,\tau}^{-1}I\}$ 对式 (3.40) 进行一次合同变换, 我们可以得到 LMI 的式 (3.37) 成立.

下面证明条件 (3.9) 成立. 对式 (3.41) 使用 Schur 补引理, 导出

$$-X_{1p,\tau} + X_{1p,\tau} X_{1k,0}^{-1} X_{1p,\tau} \leqslant 0, \quad -X_{2p,\tau} + X_{2p,\tau} X_{2k,0}^{-1} X_{2p,\tau} \leqslant 0$$

$$\Leftrightarrow \quad X_{1p,\tau}(X_{1k,0}^{-1} - X_{1p,\tau}^{-1})X_{1p,\tau} \leqslant 0, \quad X_{2p,\tau}(X_{2k,0}^{-1} - X_{2p,\tau}^{-1})X_{2p,\tau} \leqslant 0$$

$$\Leftrightarrow \quad X_{1k,0}^{-1} - X_{1p,\tau}^{-1} \leqslant 0, \quad X_{2k,0}^{-1} - X_{2p,\tau}^{-1} \leqslant 0.$$

令 $X_{1k,0} = P_{1k,0}^{-1}$, $X_{2k,0} = P_{2k,0}^{-1}$, $X_{1p,\tau} = P_{1p,\tau}^{-1}$, $X_{2p,\tau} = P_{2p,\tau}^{-1}$, 我们可以得到式 (3.41) 等价于式 (3.9).

根据定理 3.3, 我们可以得到 2D 闭环离散切换 FMLSS 模型 (3.34) 是渐近稳定和严格 (Q, S, R)-γ-耗散的. 证毕.

注 3.8 最优耗散性能界 γ^* 可以通过凸优化问题得到:

$$\max \gamma \quad \text{s.t.} \quad \text{式}(3.39) \sim \text{式}(3.41)\text{关于一个指定的驻留时间 } \tau \text{ 成立.}$$

一般情况下, τ 选择最小的可容许驻留时间 τ^*.

3.4 数 值 算 例

在例 3.1 中, 我们于受限切换下设计了一个切换信号 $\sigma(i,j) \in \mathcal{D}_\tau$, 以此保证 2D 离散切换系统的渐近稳定性.

例 3.1 当 $u(i,j) = 0$ 时, 考虑 2D 离散切换系统 (3.1), 即由下面两个子系统构成的系统:

$$x(i+1, j+1) = A_{1k}x(i, j+1) + A_{2k}x(i+1, j) \quad (k = 1, 2). \tag{3.43}$$

其中, 子系统 1 为

$$A_{11} = \begin{bmatrix} 0.3 & 0 \\ 0.2 & 0.1 \end{bmatrix}, \quad A_{21} = \begin{bmatrix} 0.1 & 0 \\ 0.2 & 0.2 \end{bmatrix};$$

子系统 2 为

$$A_{12} = \begin{bmatrix} 0.5 & 0.1 \\ 0.1 & 0.3 \end{bmatrix}, \quad A_{22} = \begin{bmatrix} 0 & 0.2 \\ 0.4 & 0.1 \end{bmatrix}.$$

假设边界条件满足

$$x(i,0) = x(0,i) = \begin{cases} *20c[(1 - 0.1i) \ (1 - 0.1i)]^{\mathrm{T}}, & 0 \leqslant i \leqslant 15, \\ [0 \ \ 0]^{\mathrm{T}}, & i > 15. \end{cases}$$

通过使用 MATLAB 工具箱, 求解定理 3.1 基于 LMIs 的稳定性条件式 (3.7)~式 (3.9). 我们计算出驻留时间 $\tau = 3$, 并且得到下列可行解:

$$P_{11,0} = P_{21,0} = \begin{bmatrix} 5.1680 & -0.1717 \\ -0.1717 & 5.2196 \end{bmatrix}, \quad P_{12,0} = P_{22,0} = \begin{bmatrix} 10.2435 & -0.1321 \\ -0.1321 & 10.1940 \end{bmatrix};$$

$$P_{11,1} = P_{21,1} = \begin{bmatrix} 7.6151 & -0.3737 \\ -0.3737 & 7.4749 \end{bmatrix}, \quad P_{12,1} = P_{22,1} = \begin{bmatrix} 6.3676 & -0.4468 \\ -0.4468 & 5.3622 \end{bmatrix};$$

$$P_{11,2} = P_{21,2} = \begin{bmatrix} 7.6151 & -0.3737 \\ -0.3737 & 7.4749 \end{bmatrix}, \quad P_{12,2} = P_{22,2} = \begin{bmatrix} 6.7736 & -0.3827 \\ -0.3827 & 6.8884 \end{bmatrix};$$

$$P_{11,3} = P_{21,3} = \begin{bmatrix} 6.4220 & -0.3962 \\ -0.3962 & 6.2734 \end{bmatrix}, \quad P_{12,3} = P_{22,3} = \begin{bmatrix} 7.4013 & -0.5152 \\ -0.5152 & 7.5559 \end{bmatrix}.$$

切换信号 $\sigma(i,j) \in \mathcal{D}_3$ 如图 3.1 所示, 其中"1"和"2"分别表示第一个子系统和第二个子系统. 在切换信号 $\sigma(i,j) \in \mathcal{D}_3$ 下, 2D 离散切换系统 (3.43) 的状态如图 3.2 和图 3.3 所示. 从图 3.2 和图 3.3 中可以看出, 2D 离散切换系统 (3.43) 在如图 3.1 所示的切换信号 $\sigma(i,j) \in \mathcal{D}_3$ 下是渐近稳定的.

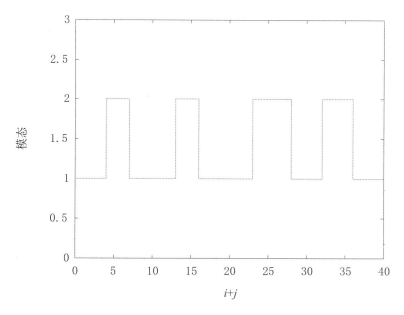

图 3.1　切换信号 $\sigma(i,j) \in \mathcal{D}_3$

例 3.2 为 2D 离散切换系统 (3.31) 设计了一个驻留时间依赖的耗散状态反馈控制器, 从而保证了闭环系统 (3.34) 的渐近稳定性和 (Q,S,R)-γ-耗散性.

例 3.2　考虑由两个子系统构成的 2D 离散切换系统 (3.31), 这两个子系统的参数设置如下:

子系统 1 为

$$A_{11} = \begin{bmatrix} 1.01 & 0 \\ 0 & 0.2 \end{bmatrix}, \quad A_{21} = \begin{bmatrix} 0 & 0.1 \\ 0 & 0 \end{bmatrix}, \quad B_{11} = \begin{bmatrix} 0.1 \\ 0.1 \end{bmatrix}, \quad B_{21} = \begin{bmatrix} 0.01 \\ 0.01 \end{bmatrix},$$

$$G_{11} = \begin{bmatrix} 0.2 \\ 0.04 \end{bmatrix}, \quad G_{21} = \begin{bmatrix} 0.1 \\ 0.04 \end{bmatrix}, \quad E_1 = [0.1 \ 0.2], \quad F_1 = 1, \quad H_1 = 3.$$

x_1

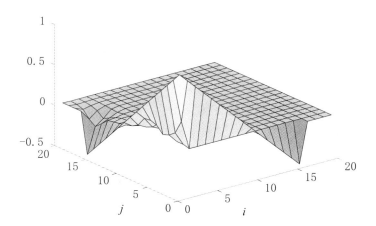

图 3.2 切换系统 (3.43) 的状态 x_1

x_2

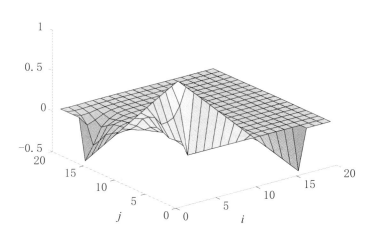

图 3.3 切换系统 (3.43) 的状态 x_2

子系统 2 为

$$A_{12} = \begin{bmatrix} 0 & 1 \\ 0.5 & 0.3 \end{bmatrix}, \quad A_{22} = \begin{bmatrix} 0 & 1 \\ 0.3 & 0.7 \end{bmatrix}, \quad B_{12} = \begin{bmatrix} 0.05 \\ 0.1 \end{bmatrix}, \quad B_{22} = \begin{bmatrix} 0 \\ 0.2 \end{bmatrix},$$

$$G_{12} = \begin{bmatrix} 0.5 \\ 0.04 \end{bmatrix}, \quad G_{22} = \begin{bmatrix} 0.1 \\ -0.4 \end{bmatrix}, \quad E_2 = [1 \ \ 2], \quad F_2 = 0, \quad H_2 = 1.$$

给定式 (3.35) 中的 (Q, S, R)-γ-耗散性能矩阵为

$$Q = -Q_*^{\mathrm{T}} Q_* = \begin{bmatrix} -1 & -2 \\ -2 & -5 \end{bmatrix}, \quad S = \begin{bmatrix} S_1 & S_2 \\ S_3 & S_4 \end{bmatrix} = \begin{bmatrix} 5 & 0 \\ 1 & 10 \end{bmatrix},$$

$$R = \begin{bmatrix} R_1 & R_2 \\ R_2^{\mathrm{T}} & R_3 \end{bmatrix} = \begin{bmatrix} 20 & 1 \\ 1 & 10 \end{bmatrix},$$

其中, $Q_* = \begin{bmatrix} Q_*^1 & Q_*^2 \end{bmatrix} = \begin{bmatrix} 1 & 2 \\ 0 & 1 \end{bmatrix}$.

以驻留时间 $\tau = 3$ 为例, 给出如图 3.4 所示的切换信号 $\sigma(i, j) \in \mathcal{D}_3$, 其中 "1" 和 "2" 分别表示第一个子系统和第二个子系统.

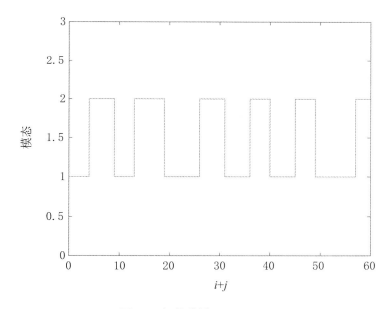

图 3.4　切换信号 $\sigma(i,j) \in \mathcal{D}_3$

假设边界条件满足

$$x(0, i) = x(i, 0) = \begin{cases} [1/(i+1) \quad 1/(i+1)]^{\mathrm{T}}, & 0 \leqslant i \leqslant 15, \\ [0 \quad 0]^{\mathrm{T}}, & i > 15. \end{cases}$$

当 $w(i, j) = 0$ 时, 系统 (3.31) 的状态如图 3.5 和图 3.6 所示. 从图 3.5 和图 3.6 中可以看出, 系统 (3.31) 在如图 3.4 所示的切换信号 $\sigma(i, j) \in \mathcal{D}_3$ 下是不稳定的.

x_1

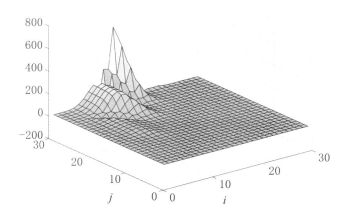

图 3.5 $w(i,j) = 0$ 时, 切换系统 **(3.31)** 的状态 x_1

x_2

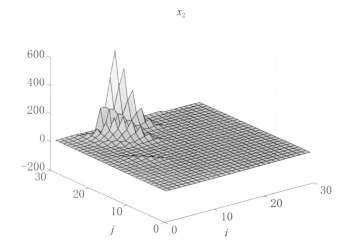

图 3.6 $w(i,j) = 0$ 时, 切换系统 **(3.31)** 的状态 x_2

接下来, 我们设计一个驻留时间依赖的耗散状态反馈控制器, 使得闭环系统 (3.34) 在切换信号 $\sigma(i,j) \in D_3$(图 3.4) 下是渐近稳定和严格 (Q, S, R)-γ-耗散的. 通过使用 MATLAB 工具箱, 求解定理 3.4 中 LMIs 式 (3.39)$\sim$式 (3.41) 的优化问题, 可以得到最优耗散性能界 $\gamma^* = 1.0547$, 求解的控制器增益为

$$K_{1,0} = \begin{bmatrix} 0.1256 & -1.6715 \end{bmatrix}, \qquad K_{2,0} = \begin{bmatrix} -2.2188 & -5.6161 \end{bmatrix},$$

$$K_{1,1} = \begin{bmatrix} -0.1000 & -0.2011 \end{bmatrix}, \qquad K_{2,1} = \begin{bmatrix} -2.3837 & -4.9556 \end{bmatrix},$$

$$K_{1,2} = \begin{bmatrix} -0.4430 & -0.3074 \end{bmatrix}, \qquad K_{2,2} = \begin{bmatrix} -2.0557 & -6.4732 \end{bmatrix},$$

$$K_{1,3} = \left[\begin{array}{cc} -0.5112 & -0.5609 \end{array} \right], \qquad K_{2,3} = \left[\begin{array}{cc} -2.5834 & -5.8045 \end{array} \right].$$

图 3.7 和图 3.8 表示的是系统 (3.34) 在 $w(i,j) = 0$ 时的状态. 从图 3.7 和图 3.8 中可以看出, 系统 (3.34) 在切换信号 $\sigma(i,j) \in \mathcal{D}_3$(图 3.4) 下是渐近稳定的.

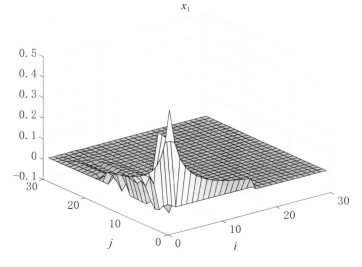

图 3.7　$w(i,j) = 0$ 时, 切换系统 **(3.34)** 的状态 x_1

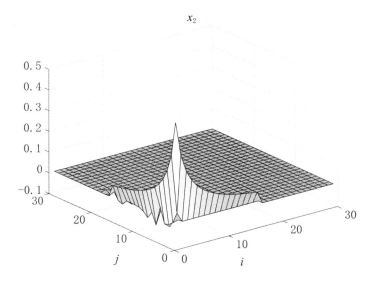

图 3.8　$w(i,j) = 0$ 时, 切换系统 **(3.34)** 的状态 x_2

考虑零边界条件, 扰动输入为

$$w(i,j) = \cos\left(\frac{\pi}{10}(i,j)\right)\exp\left(-\frac{3}{10}(i+j)\right).$$

下面验证系统 (3.34) 在 $0 \leqslant T \leqslant 60$ 时的 (Q,S,R)-γ-耗散性性能. 令

$$\gamma_{\mathrm{d}}(T) = \frac{\sum\limits_{s=0}^{T}\sum\limits_{i+j=s}[\bar{z}^{\mathrm{T}}(i,j)Q\bar{z}(i,j) + 2\bar{z}^{\mathrm{T}}(i,j)S\bar{w}(i,j) + \bar{w}^{\mathrm{T}}(i,j)R\bar{w}(i,j)]}{\sum\limits_{s=0}^{T}\sum\limits_{i+j=s}\bar{w}^{\mathrm{T}}(i,j)\bar{w}(i,j)}.$$

其中, 当 $T = 0,1,\cdots,60$ 时, $\bar{w}(i,j) \neq 0$. 有了这个表示, 当 $0 \leqslant T \leqslant 60$ 时, (Q,S,R)-γ-耗散性性能式 (3.35) 可以表示为 $\gamma_{\mathrm{d}}(T) \geqslant \gamma$. 我们可以得到 $\gamma_{\mathrm{d}}(T)$ 的最小值为 2.2960, 这个值大于最优耗散性能 $\gamma^* = 1.0547$. 因此当 $0 \leqslant T \leqslant 60$ 时, (Q,S,R)-γ-耗散性性能式 (3.35) 是可以达到的.

小　　结

本章研究了由 FMLSS 所描述的 2D 离散切换系统在驻留时间约束下的 (Q,S,R)-γ-耗散性问题, 主要设计了一个使得闭环系统渐近稳定和严格 (Q,S,R)-γ-耗散的驻留时间依赖的耗散状态反馈控制器. 通过使用驻留时间依赖的 Lyapunov 函数方法, 我们给出了渐近稳定的充分条件, 并且得到了给定 2D 离散切换系统渐近稳定和 (Q,S,R)-γ-耗散的充分条件. 通过使用给出的条件, 建立了基于 LMIs 的驻留时间依赖的 (Q,S,R)-γ-耗散状态反馈控制器的充分条件.

第 4 章　2D 切换系统的有限区域 H_∞ 控制

前面的两章研究了 2D 离散系统的耗散性问题. 在本章中, 我们将研究 2D 离散切换系统与有限区域稳定性相关的镇定问题和加权的 H_∞ 控制问题.

现有许多关于 2D 离散切换系统与 Lyapunov 渐近稳定性的研究, 关于 2D 离散切换系统有限区域稳定性问题的研究相对不多. 另外, 对于 2D 离散切换系统的控制问题, 相关的研究大多数是同步情形下设计的控制器. 实际上, 识别激活的子系统并使用所匹配的控制器需要时间, 当切换发生时, 子系统模态和相应的控制器模态之间可能会出现异步现象[137], 因此仅仅研究 2D 离散切换系统的同步切换控制是远远不够的, 很有必要研究 2D 离散切换系统的异步切换控制问题. 但是, 目前对于 2D 离散切换系统异步控制的研究很少[118], 且只涉及了 Lyapunov 渐近稳定性. 本章将在已有文献 [77, 78] 及第 2 章的基础上, 利用驻留时间的方法研究 2D 离散切换系统的有限区域异步切换镇定问题和加权的 H_∞ 控制问题.

4.1　问 题 描 述

考虑如下 2D 离散切换 FMLSS 模型:

$$
\begin{aligned}
x(i+1, j+1) = {} & A_{1\sigma(i,j+1)}x(i, j+1) + A_{2\sigma(i+1,j)}x(i+1, j) \\
& + B_{1\sigma(i,j+1)}u(i, j+1) + B_{2\sigma(i+1,j)}u(i+1, j) \\
& + G_{1\sigma(i,j+1)}w(i, j+1) + G_{2\sigma(i+1,j)}w(i+1, j), & (4.1\mathrm{a}) \\
z(i, j) = {} & C_{\sigma(i,j)}x(i, j) + D_{\sigma(i,j)}u(i, j) + E_{\sigma(i,j)}w(i, j), & (4.1\mathrm{b})
\end{aligned}
$$

其中, $x(i, j) \in \mathbb{R}^n$ 是状态向量; $u(i, j) \in \mathbb{R}^m$ 是输入向量; $z(i, j) \in \mathbb{R}^q$ 是控制输入; $w(i, j) \in \mathbb{R}^r$ 是外部扰动. $\sigma(i, j) : \mathbb{N}^+ \times \mathbb{N}^+ \to \mathcal{L} = \{1, 2, \cdots, M\}$ 是切换信号, 其中 M 是子系统的个数. 切换信号是依赖于时间的分段常函数. A_{1k}, A_{2k}, B_{1k}, B_{2k}, G_{1k}, G_{2k}, C_k, D_k, E_k 是适维的实矩阵, 其中 $k \in \mathcal{L}$. $x_0(i, j) = [x^{\mathrm{T}}(0, j)\ x^{\mathrm{T}}(i, 0)]^{\mathrm{T}}$ 表示 2D 离散切换系统 (4.1) 的边界条件.

我们考虑如下三角形形式的有限区域:

$$\boldsymbol{S}(N) = \{(i,j) \in \mathbb{N} \times \mathbb{N} | i + j \leqslant N\},$$

其中, N 是一个给定的正整数. 定义边界条件 $x_0(i,j)$ 为

$$x(0,j) = v(j), \quad x(i,0) = \varpi(i) \quad ((i,j) \in \boldsymbol{S}(N)). \tag{4.2}$$

条件 (4.2) 说明这里所考虑的边界条件是一个三角形区域 $\boldsymbol{S}(N)$. 当 $(i,j) \notin \boldsymbol{S}(N)$ 时, $v(j) = \varpi(i) = 0$. 此外, 外部扰动 $w(i,j)$ 满足

$$\sum_{(i,j) \in \boldsymbol{S}(N)} w^{\mathrm{T}}(i,j)w(i,j) \leqslant \omega, \tag{4.3}$$

其中, $\omega \geqslant 0$ 是一个已知的常数.

假设切换只发生在 $i + j$, 也就是说, $\sigma(i,j)$ 的值只依赖于 $i + j$. 当 $i + j = \kappa$ 时, 记 $\sigma(i,j) = \sigma(\kappa)$. 令 $i_l + j_l = \kappa_l(l \in \mathbb{N})$ 表示第 l 次切换时刻, 将切换时间序列 $\sigma(\kappa)$ 描述为 $\{\kappa_l, l \in \mathbb{N}\}$. 当 $\sigma(\kappa_l) = k \in \mathcal{L}$ 时, 第 k 个子系统在区间 $[\kappa_l, \kappa_{l+1})$ 上激活. 如果 $\kappa_{l+1} - \kappa_l \geqslant \tau_d$ 对所有的 $l \in \mathbb{N}$ 成立, 那么正常数 τ_d 被称为驻留时间. 令 $\mathcal{D}(\tau_d)$ 为任意连续的间隔至少为 τ_d 的可容许切换信号的集合.

下面的引理 4.1 将 1D 切换系统的驻留时间与切换次数之间的关系推广到了 2D 切换系统.

引理 4.1 [138]

对于 $D \geqslant \kappa_0$ 和驻留时间为 τ_d 的可容许的切换信号 σ, 下列不等式成立:

$$N_\sigma(\kappa_0, D) \leqslant 1 + \frac{D - \kappa_0}{\tau_d}, \tag{4.4}$$

其中, $N_\sigma(\kappa_0, D)$ 表示 σ 在区间 $[\kappa_0, D)$ 上的切换次数.

文献 [78] 给出了 2D 离散切换 FMLSS 模型的有限区域有界性, 以及有限区域稳定性的概念. 现在, 我们将有限区域有界性和有限区域稳定性的定义推广到 2D 离散切换线性系统 (4.1).

定义 4.1

给定正常数 c_1, c_2, ω, 其中 $c_1 < c_2$, 以及一个正整数 N、一个正定矩阵 R 和一个切换信号 $\sigma(i,j)$, 则 2D 切换系统 (4.1) 在零控制输入下, 即系统

$$x(i+1,j+1) = A_{1\sigma(i,j+1)}x(i,j+1) + A_{2\sigma(i+1,j)}x(i+1,j)$$
$$+ G_{1\sigma(i,j+1)}w(i,j+1) + G_{2\sigma(i+1,j)}w(i+1,j) \qquad (4.5a)$$

和

$$z(i,j) = C_{\sigma(i,j)}x(i,j) + E_{\sigma(i,j)}w(i,j) \qquad (4.5b)$$

关于 $(c_1, c_2, N, R, \omega, \sigma)$ 是有限区域有界的, 若

$$x^{\mathrm{T}}(0,j)Rx(0,j) + x^{\mathrm{T}}(i,0)Rx(i,0) \leqslant c_1$$
$$\Rightarrow \quad x^{\mathrm{T}}(i,j)Rx(i,j) < c_2 \quad (\forall~(i,j) \in \boldsymbol{S}(N)) \qquad (4.6)$$

对满足式 (4.3) 的所有扰动 $w(i,j)$ 都成立, 其中 $\boldsymbol{S}(N) = \{(i,j) \in \mathbb{N} \times \mathbb{N}|$ $i+j \leqslant N\}$. 如果式 (4.6) 对任意的切换信号 $\sigma(i,j)$ 都成立, 那么 2D 切换系统 (4.5) 关于 (c_1, c_2, N, R, ω) 是一致有限区域有界的. 特别地, 当外部扰动 $w(i,j) = 0$ 时, 2D 切换系统 (4.5) 关于 (c_1, c_2, N, R, σ) 是有限区域稳定的.

注 4.1　就 2D 切换系统来讲, 有限区域有界性的意思是给定一个切换信号, 在边界条件上给定一个界, 系统的状态值在有限区域 $\boldsymbol{S}(N)$ 内维持在一个指定的值内. 一致有限区域有界性需要有限区域有界性对任意的切换信号都成立.

结合 1D 系统有限时间耗散性[105]和有限时间 H_∞ 性能[107]的概念, 以及 2D 系统 H_∞ 噪声衰减[134]和有限区域耗散性的概念 (定义 2.2), 下面将给出 2D 切换系统在三角形区域 $\boldsymbol{S}(N)$ 上的有限区域 H_∞ 噪声衰减的定义.

定义 4.2

对于一个给定的 $\lambda > 0~(\lambda \neq 1)$, 正常数 c_1, c_2, ω, 其中 $c_1 < c_2$, 以及一个正整数 N 和一个正定矩阵 R, 称 2D 切换系统 (4.5) 在切换信号 $\sigma(i,j)$ 下关于 $(c_1, c_2, N, R, \omega, \sigma)$ 有一个有限区域加权的 H_∞ 扰动衰减水平 γ, 如果满足下列的条件:

(1) 2D 切换系统 (4.5) 关于 $(c_1, c_2, N, R, \omega, \sigma)$ 是有限区域有界的;

(2) 对某个满足 $\beta(0) = 0$ 的实函数 $\beta(\cdot)$, 有

$$\sum_{s=0}^{N-1} \sum_{i+j=s} (\lambda^s \|\bar{z}\|^2) \leqslant \gamma^2 \sum_{s=0}^{N-1} \sum_{i+j=s} \|\bar{w}\|^2 + \beta(x_0(i,j)) \qquad (4.7)$$

对满足式 (4.3) 的 $w(i,j)$ 都成立, 其中, 2D 离散信号 $z(i,j)$ 和 $w(i,j)$ 的 l_2-范数分别定义为

$$\|\bar{z}\|_2^2 = \|z(i+1,j)\|_2^2 + \|z(i,j+1)\|_2^2,$$
$$\|\bar{w}\|_2^2 = \|w(i+1,j)\|_2^2 + \|w(i,j+1)\|_2^2.$$

注 4.2 类似于一般的 2D 系统, 2D 切换系统的有限区域稳定性和 Lyapunov 渐近稳定性是两个不同的定义. 一个 2D 切换系统可能是有限区域稳定但不是 Lyapunov 渐近稳定的, 反之亦然. 另外, 这里所考虑的有限区域 H_∞ 性能指标是加权的. 这是因为尽管非加权的 H_∞ 扰动性能指标更能真实地反映问题的实际意义, 但是我们还没有找到合适的方法来分析 2D 切换系统有限区域非加权的 H_∞ 性能.

引入模态依赖的状态反馈控制器

$$u(i,j) = K_{\sigma(\kappa - d(\kappa_l))}x(i,j), \tag{4.8}$$

其中, $d(\kappa_l)$ 是 $[\kappa_l, \kappa_{l+1})(l \in \mathbb{N}^+)$ 上的切换滞后, 最大切换滞后为 $d = \max\limits_{l \in \mathbb{N}^+} d(\kappa_l)$. 假设最大滞后是预先给定的, 其中 $d < \tau_d \leqslant \kappa_{l+1} - \kappa_l$.

将开环 2D 切换系统 (4.1) 和模态依赖的状态反馈控制器 (4.8) 相结合, 当 $\kappa \in [\kappa_l, \kappa_{l+1})(l \in \mathbb{N}^+)$ 时, 我们可以得到以下闭环系统:

$$\begin{aligned}
x(i+1, j+1) &= (A_{1\sigma(\kappa)} + B_{1\sigma(\kappa)}K_{\sigma(\kappa - d(\kappa_l))})x(i, j+1) \\
&\quad + (A_{2\sigma(\kappa)} + B_{2\sigma(\kappa)}K_{\sigma(\kappa - d(\kappa_l))})x(i+1, j) \\
&\quad + G_{1\sigma(\kappa)}w(i, j+1) + G_{2\sigma(\kappa)}w(i+1, j), \tag{4.9a}
\end{aligned}$$

$$z(i, j) = (C_{\sigma(\kappa)} + D_{\sigma(\kappa)}K_{\sigma(\kappa - d(\kappa_l))})x(i, j) + E_{\sigma(\kappa)}w(i, j). \tag{4.9b}$$

本章的目的是设计一个可容许的切换律和模态依赖的状态反馈控制器, 使得: 当 $w(i,j) = 0$, 滞后为 d 时, 系统 (4.9) 是有限区域稳定的; 当 $w(i,j) \neq 0$, 滞后为 d 时, 系统 (4.9) 有一个有限区域加权的 H_∞ 扰动衰减水平 γ.

4.2 有限区域稳定性

在本节中, 我们将要讨论 2D 异步切换 FMLSS 模型 (4.9) 的有限区域镇定问题. 当 $w(i,j) = 0$ 时, 我们首先研究 2D 闭环切换系统 (4.9) 的有限区域稳定性问题, 然后研究 2D 开环切换系统 (4.1) 的有限区域镇定问题.

4.2.1　稳定性分析

下面给出 $w(i,j)=0$ 时, 2D 异步切换系统 (4.9), 即系统

$$
\begin{aligned}
x(i+1, j+1) =&(A_{1\sigma(\kappa)} + B_{1\sigma(\kappa)} K_{\sigma(\kappa-d(\kappa_l))})x(i, j+1) \\
&+ (A_{2\sigma(\kappa)} + B_{2\sigma(\kappa)} K_{\sigma(\kappa-d(\kappa_l))})x(i+1, j)
\end{aligned} \tag{4.10}
$$

的有限区域稳定性的充分条件.

定理 4.1

对任意的 $k, q \in \mathcal{L}(k \neq q)$, 给定正常数 $\eta < 1$, $\mu \geqslant 1$, $\beta_k > \alpha_k \geqslant 1$. 若存在矩阵 $P_k > 0$, 使得

$$
\begin{bmatrix}
-\alpha_k P_{1k} & * & * \\
0 & -\alpha_k P_{2k} & * \\
A_{1k} + B_{1k} K_k & A_{2k} + B_{2k} K_k & -P_k^{-1}
\end{bmatrix} < 0, \tag{4.11}
$$

$$
\begin{bmatrix}
-\beta_k P_{1k} & * & * \\
0 & -\beta_k P_{2k} & * \\
A_{1k} + B_{1k} K_q & A_{2k} + B_{2k} K_q & -P_k^{-1}
\end{bmatrix} < 0, \tag{4.12}
$$

$$
P_k \leqslant \mu P_q, \tag{4.13}
$$

以及

$$
N\lambda_2 c_1 \mu \alpha^{N-1} \theta^{2d-1} < \lambda_1 c_2 \tag{4.14}
$$

都成立, 且切换信号 σ 的驻留时间满足

$$
\tau_d > \tau_d^* = \frac{(N-1)(\ln\mu + d\ln\theta)}{\ln(\lambda_1 c_2) - \ln(N\lambda_2 c_1) - \ln\mu - (N-1)\ln\alpha - (2d-1)\ln\theta}, \tag{4.15}
$$

则 2D 切换系统 (4.10) 关于 (c_1, c_2, N, R, σ) 是有限区域稳定的, 其中

$$
P_{1k} = \eta P_k, \quad P_{2k} = (1-\eta)P_k, \quad \alpha = \max_{\forall k \in \mathcal{L}}\{\alpha_k\}, \quad \beta = \max_{\forall k \in \mathcal{L}}\{\beta_k\},
$$

$$
\theta = \max_{\forall k \in \mathcal{L}}\{\beta_k/\alpha_k\}, \quad \lambda_1 = \min_{\forall k \in \mathcal{L}}\{\lambda_{\min}(\widetilde{P}_k)\},
$$

$$
\lambda_2 = \max_{\forall k \in \mathcal{L}}\{\lambda_{\max}(\widetilde{P}_k)\}, \quad \widetilde{P}_k = R^{-\frac{1}{2}} P_k R^{-\frac{1}{2}}.
$$

证明　定义 2D 切换系统 (4.10) 的 Lyapunov 函数如下:

$$
V(i,j) = V_{\sigma(\kappa)}(i,j) = V_{\sigma(\kappa)}^1(i,j) + V_{\sigma(\kappa)}^2(i,j), \tag{4.16}
$$

其中

$$V_{\sigma(\kappa)}^1(i,j) = x^{\mathrm{T}}(i,j)P_{1\sigma(\kappa)}x(i,j), \quad V_{\sigma(\kappa)}^2(i,j) = x^{\mathrm{T}}(i,j)P_{2\sigma(\kappa)}x(i,j),$$
$$P_{1\sigma(\kappa)} = \eta P_{\sigma(\kappa)}, \quad P_{2\sigma(\kappa)} = (1-\eta)P_{\sigma(\kappa)}.$$

当 $\kappa \in [\kappa_l, \kappa_{l+1})$, $\sigma(\kappa) = \sigma(\kappa_l) = k \in \mathcal{L}$ 时, $V_{\sigma(\kappa)}(i,j) = V_k(i,j)$.

当 $\kappa \in [\kappa_l + d(\kappa_l), \kappa_{l+1})(l \in \mathbb{N}^+)$ 时, 控制器的模态和系统的模态是同步的, 我们有

$$V_k(i+1,j+1) - \alpha_k[V_k^1(i,j+1) + V_k^2(i+1,j)]$$
$$= V_k^1(i+1,j+1) + V_k^2(i+1,j+1) - \alpha_k[V_k^1(i,j+1) + V_k^2(i+1,j)]$$
$$= \bar{x}^{\mathrm{T}}(i,j)\Phi_k\bar{x}(i,j),$$

其中

$$\bar{x}^{\mathrm{T}}(i,j) = [x^{\mathrm{T}}(i,j+1)\ x^{\mathrm{T}}(i+1,j)],$$
$$\Phi_k = \begin{bmatrix} \widehat{A}_{1k}^{\mathrm{T}}P_k\widehat{A}_{1k} - \alpha_k P_{1k} & * \\ \widehat{A}_{2k}^{\mathrm{T}}P_k\widehat{A}_{1k} & \widehat{A}_{2k}^{\mathrm{T}}P_k\widehat{A}_{2k} - \alpha_k P_{2k} \end{bmatrix},$$
$$\widehat{A}_{1k} = A_{1k} + B_{1k}K_k, \quad \widehat{A}_{2k} = A_{2k} + B_{2k}K_k.$$

对条件 (4.11) 使用 Schur 补引理, 可得 $\Phi_k < 0$, 这说明对任意的 $\bar{x}(i,j) \neq 0$, 有

$$V_k(i+1,j+1) < \alpha_k[V_k^1(i,j+1) + V_k^2(i+1,j)]. \tag{4.17}$$

假设 $D \in \{2,3,\cdots,N\}$, 对任意的 $D \in (\kappa_l + d(\kappa_l), \kappa_{l+1})$, 从式 (4.17) 中可以建立

$$\begin{cases} V_k(1,D-1) < \alpha_k[V_k^1(0,D-1) + V_k^2(1,D-2)], \\ V_k(2,D-2) < \alpha_k[V_k^1(1,D-2) + V_k^2(2,D-3)], \\ \cdots, \\ V_k(D-1,1) < \alpha_k[V_k^1(D-2,1) + V_k^2(D-1,0)]. \end{cases}$$

考虑到边界条件, 可以得到

$$\sum_{i+j=D} V_k(i,j)$$
$$< \alpha_k \sum_{i+j=D-1} V_k(i,j) + V_k(0,D) + V_k(D,0)$$
$$< \alpha_k^{D-[\kappa_l+d(\kappa_l)]} \sum_{i+j=\kappa_l+d(\kappa_l)} V_k(i,j) + \sum_{s=\kappa_l+d(\kappa_l)+1}^{D} \alpha_k^{D-s}[V_k(0,s) + V_k(s,0)].$$

$$\tag{4.18}$$

当 $\kappa \in [\kappa_l, \kappa_l + d(\kappa_l))$ $(l \in \mathbb{N}^+)$ 时, 假设 $\sigma(\kappa_{l-1}) = q \in \mathcal{L}$, 第 q 个子系统已经切换到第 k 个子系统, 但是由于存在切换滞后, 控制器 K_q 仍然激活. 在这种情况下, 控制器的模态和系统的模态是异步的. 选取一个常数 $\beta_k > \alpha_k$, 根据条件 (4.12) 和上面的讨论, 可以得到

$$V_k(i+1, j+1) < \beta_k[V_k^1(i, j+1) + V_k^2(i+1, j)] \tag{4.19}$$

和

$$\sum_{i+j=\kappa_l+d(\kappa_l)} V_k(i, j) < \beta_k^{d(\kappa_l)} \sum_{i+j=\kappa_l} V_k(i, j) + \sum_{s=\kappa_l+1}^{\kappa_l+d(\kappa_l)} \beta_k^{\kappa_l+d(\kappa_l)-s}[V_k(0, s) + V_k(s, 0)]. \tag{4.20}$$

结合式 (4.18) 和式 (4.20), 可得

$$\begin{aligned}
\sum_{i+j=D} V_{\sigma(\kappa)}(i, j) <& \alpha_{\sigma(\kappa_l)}^{D-\kappa_l} \theta_{\sigma(\kappa_l)}^{d(\kappa_l)} \sum_{i+j=\kappa_l} V_{\sigma(\kappa_l)}(i, j) \\
&+ \sum_{s=\kappa_l+1}^{\kappa_l+d(\kappa_l)} \alpha_{\sigma(\kappa_l)}^{D-s} \theta_{\sigma(\kappa_l)}^{\kappa_l+d(\kappa_l)-s}[V_{\sigma(\kappa_l)}(0, s) + V_{\sigma(\kappa_l)}(s, 0)] \\
&+ \sum_{s=\kappa_l+d(\kappa_l)+1}^{D} \alpha_{\sigma(\kappa_l)}^{D-s}[V_{\sigma(\kappa_l)}(0, s) + V_{\sigma(\kappa_l)}(s, 0)],
\end{aligned} \tag{4.21}$$

其中, $\theta_{\sigma(\kappa_l)} = \beta_{\sigma(\kappa_l)}/\alpha_{\sigma(\kappa_l)}$.

因为

$$\alpha = \max_{\forall k \in \mathcal{L}}\{\alpha_k\}, \quad \beta = \max_{\forall k \in \mathcal{L}}\{\beta_k\}, \quad \theta = \max_{\forall k \in \mathcal{L}}\{\beta_k/\alpha_k\}, \quad \lambda_2 = \max_{\forall k \in \mathcal{L}}\{\lambda_{\max}(\widetilde{P}_k)\},$$

所以由式 (4.13) 和式 (4.21) 可以得到

$$\begin{aligned}
\sum_{i+j=D}& V_{\sigma(\kappa)}(i, j) \\
<& \mu \alpha^{D-\kappa_l} \theta^d \sum_{i+j=\kappa_l} V_{\sigma(\kappa_{l-1})}(i, j) \\
&+ \sum_{s=\kappa_l+1}^{\kappa_l+d(\kappa_l)} \alpha^{D-s} \theta^{d(\kappa_l)-1} \lambda_2[x^{\mathrm{T}}(0, s)Rx(0, s) + x^{\mathrm{T}}(s, 0)Rx(s, 0)] \\
&+ \sum_{s=\kappa_l+d(\kappa_l)+1}^{D} \alpha^{D-s} \lambda_2[x^{\mathrm{T}}(0, s)Rx(0, s) + x^{\mathrm{T}}(s, 0)Rx(s, 0)] \\
<& \mu \alpha^{D-\kappa_l} \theta^d \sum_{i+j=\kappa_l} V_{\sigma(\kappa_{l-1})}(i, j)
\end{aligned}$$

$$+ \lambda_2 \theta^{d-1} \sum_{s=\kappa_l+1}^{D} \alpha^{D-s} [x^{\mathrm{T}}(0,s)Rx(0,s) + x^{\mathrm{T}}(s,0)Rx(s,0)]$$

$$< \cdots$$

$$< (\mu\theta^d)^{N_\sigma(1,D)} \alpha^{D-1} \sum_{i+j=1} V_{\sigma(1)}(i,j)$$

$$+ \lambda_2 \theta^{d-1} \sum_{s=2}^{D} (\mu\theta^d)^{N_\sigma(s,D)} \alpha^{D-s} [x^{\mathrm{T}}(0,s)Rx(0,s) + x^{\mathrm{T}}(s,0)Rx(s,0)]$$

$$< (\mu\theta^d)^{N_\sigma(1,N)} \alpha^{N-1} \lambda_2 \theta^{d-1} \sum_{s=1}^{N} [x^{\mathrm{T}}(0,s)Rx(0,s) + x^{\mathrm{T}}(s,0)Rx(s,0)]$$

$$< (\mu\theta^d)^{N_\sigma(1,N)} \alpha^{N-1} \theta^{d-1} N \lambda_2 c_1. \tag{4.22}$$

注意到 $N_\sigma(1,N) \leqslant 1 + \dfrac{N-1}{\tau_{\mathrm{d}}}$, 且 $\lambda_1 = \min\limits_{\forall k \in \mathcal{L}} \{\lambda_{\min}(\widetilde{P}_k)\}$, 则由式 (4.22) 可以得到

$$x^{\mathrm{T}}(i,j)Rx(i,j) < \frac{N\lambda_2 c_1 \mu}{\lambda_1} (\mu\theta^d)^{\frac{N-1}{\tau_{\mathrm{d}}}} \alpha^{N-1} \theta^{2d-1}. \tag{4.23}$$

从条件 (4.14) 可以得到

$$\ln(\lambda_1 c_2) - \ln(N\lambda_2 c_1) - \ln\mu - (N-1)\ln\alpha - (2d-1)\ln\theta > 0.$$

结合条件 (4.15), 从式 (4.23) 易得不等式

$$x^{\mathrm{T}}(i,j)Rx(i,j) < c_2.$$

这说明 2D 切换闭环系统 (4.10) 关于 (c_1, c_2, N, R, σ) 是有限区域稳定的. 证毕.

注 4.3 定理 4.1 研究了 2D 异步切换系统的有限区域稳定性问题. 注意到对于 2D 同步切换系统, 同样的问题还没有被研究过. 当定理 4.1 的切换滞后 $d(\kappa_l) = 0$ 时, 我们可以得到同步控制的结果. 在不考虑异步切换的情况下, Lyapunov 函数在渐近稳定的研究中需要全局递减, 而在有限区域稳定性的研究中则不需要. 当 $0 < \alpha_k < 1$ 时, 如果所考虑的区域足够大, 且驻留时间满足一个特定的条件, 那么 Lyapunov 函数递减就可以保证 2D 异步切换系统的渐近稳定性.

4.2.2 控制器设计

在这一小节中, 我们将会借助于 LMIs 给出 2D 异步切换系统 (4.1) 的有限区域模态依赖的状态反馈控制器设计的充分条件.

从计算的角度来讲, 定理 4.1 的条件 (4.14) 不是一个标准的 LMIs 条件. 为了使用 MATLAB 中的 LMI 工具箱来求解, 我们将在定理 4.2 中使用类似于 1D 系统的方法[66], 将条件 (4.14) 转化为易于求解的 LMIs.

定理 4.2

给定系统 (4.1), (c_1, c_2, N, R), 以及正标量 $\eta < 1$, $\mu \geqslant 1$, $\beta_k > \alpha_k \geqslant 1$. 如果存在正常数 ϵ_1, ϵ_2, 矩阵 $H_k > 0$, $H_q > 0$, 以及 Y_k, Y_q ($k, q \in \mathcal{L}$, $k \neq q$), 使得

$$
\begin{bmatrix}
-\alpha_k \eta \widetilde{H}_k & * & * \\
0 & -\alpha_k(1-\eta)\widetilde{H}_k & * \\
A_{1k}\widetilde{H}_k + B_{1k}Y_k & A_{2k}\widetilde{H}_k + B_{2k}Y_k & -\widetilde{H}_k
\end{bmatrix} < 0, \tag{4.24}
$$

$$
\begin{bmatrix}
\beta_k \eta(\widetilde{H}_k - 2\widetilde{H}_q) & * & * \\
0 & \beta_k(1-\eta)(\widetilde{H}_k - 2\widetilde{H}_q) & * \\
A_{1k}\widetilde{H}_q + B_{1k}Y_q & A_{2k}\widetilde{H}_q + B_{2k}Y_q & -\widetilde{H}_k
\end{bmatrix} < 0, \tag{4.25}
$$

$$
\begin{bmatrix}
-\mu\widetilde{H}_q & * \\
\widetilde{H}_q & -\widetilde{H}_k
\end{bmatrix} \leqslant 0, \tag{4.26}
$$

$$
\epsilon_1 I < H_k < \epsilon_2 I, \tag{4.27}
$$

以及

$$
N\epsilon_2 c_1 \mu \alpha^{N-1} \theta^{2d-1} < \epsilon_1 c_2 \tag{4.28}
$$

都成立, 且切换信号 σ 的驻留时间满足

$$
\tau_{\mathrm{d}} > \tau_{\mathrm{d}}^* = \frac{(N-1)(\ln \mu + d \ln \theta)}{\ln(\epsilon_1 c_2) - \ln(N\epsilon_2 c_1) - \ln \mu - (N-1)\ln \alpha - (2d-1)\ln \theta}, \tag{4.29}
$$

则 2D 切换系统 (4.1) 关于 (c_1, c_2, N, R, σ) 是有限区域稳定的, 其中 $\alpha = \max\limits_{\forall k \in \mathcal{L}}\{\alpha_k\}$, $\beta = \max\limits_{\forall k \in \mathcal{L}}\{\beta_k\}$, $\theta = \max\limits_{\forall k \in \mathcal{L}}\{\beta_k/\alpha_k\}$, $\widetilde{H}_k = R^{-\frac{1}{2}} H_k R^{-\frac{1}{2}}$. 此外, 有限区域状态反馈控制器的增益由 $K_k = Y_k \widetilde{H}_k^{-1}$ 给出.

证明　令 $\widetilde{H}_k = R^{-\frac{1}{2}} H_k R^{-\frac{1}{2}} = P_k^{-1}$, 且 $Y_k = K_k \widetilde{H}_k(\forall k \in \mathcal{L})$. 下面, 我们将要证明定理 4.2 的条件可以保证定理 4.1 的有效性.

由条件 (4.24) 可以导出

$$
\begin{bmatrix}
-\alpha_k \eta P_k^{-1} & * & * \\
0 & -\alpha_k(1-\eta)P_k^{-1} & * \\
(A_{1k} + B_{1k}K_k)P_k^{-1} & (A_{2k} + B_{2k}K_k)P_k^{-1} & -P_k^{-1}
\end{bmatrix} < 0. \tag{4.30}
$$

将式 (4.30) 的两边分别乘以 $\mathrm{diag}\{P_k, P_k, I\}$, 可以得到

$$
\begin{bmatrix}
-\alpha_k \eta P_k & * & * \\
0 & -\alpha_k(1-\eta)P_k & * \\
A_{1k} + B_{1k}K_k & A_{2k} + B_{2k}K_k & -P_k^{-1}
\end{bmatrix} < 0.
$$

这表示定理 4.1 的条件 (4.11) 成立.

注意到 $-\widetilde{H}_q \widetilde{H}_k^{-1} \widetilde{H}_q < \widetilde{H}_k - 2\widetilde{H}_q$, 则由条件 (4.25) 可以得到

$$
\begin{bmatrix}
-\beta_k \eta P_q^{-1} P_k P_q^{-1} & * & * \\
0 & -\beta_k(1-\eta)P_q^{-1} P_k P_q^{-1} & * \\
(A_{1k} + B_{1k}K_q)P_q^{-1} & (A_{2k} + B_{2k}K_q)P_q^{-1} & -P_k^{-1}
\end{bmatrix} < 0. \qquad (4.31)
$$

类似地, 将式 (4.31) 的两边分别乘以 $\mathrm{diag}\{P_q, P_q, I\}$, 可以得到

$$
\begin{bmatrix}
-\beta_k \eta P_k & * & * \\
0 & -\beta_k(1-\eta)P_k & * \\
A_{1k} + B_{1k}K_q & A_{2k} + B_{2k}K_q & -P_k^{-1}
\end{bmatrix} < 0.
$$

这表明定理 4.1 的条件 (4.12) 成立.

将式 (4.26) 的两边分别乘以 $\mathrm{diag}\{\widetilde{H}_q^{-1}, I\}$, 可以得到

$$
\begin{bmatrix}
-\mu \widetilde{H}_q^{-1} & * \\
I & -\widetilde{H}_k
\end{bmatrix} \leqslant 0. \qquad (4.32)
$$

对条件 (4.32) 使用 Schur 补引理, 导出 $\widetilde{H}_k^{-1} - \mu \widetilde{H}_q^{-1} \leqslant 0$, 这个条件等价于定理 4.1 的条件 (4.13).

由于 $\widetilde{H}_k = R^{-\frac{1}{2}} H_k R^{-\frac{1}{2}} = P_k^{-1}$, $H_k = \widetilde{P}_k^{-1}$, 特征值满足

$$
\min_{\forall k \in \mathcal{L}}\{\lambda_{\min}(H_k)\} = \min_{\forall k \in \mathcal{L}}\left\{\frac{1}{\lambda_{\max}(\widetilde{P}_k)}\right\} = \frac{1}{\max_{\forall k \in \mathcal{L}}\{\lambda_{\max}(\widetilde{P}_k)\}} = \frac{1}{\lambda_2},
$$

$$
\max_{\forall k \in \mathcal{L}}\{\lambda_{\max}(H_k)\} = \max_{\forall k \in \mathcal{L}}\left\{\frac{1}{\lambda_{\min}(\widetilde{P}_k)}\right\} = \frac{1}{\min_{\forall k \in \mathcal{L}}\{\lambda_{\min}(\widetilde{P}_k)\}} = \frac{1}{\lambda_1}.
$$

使用文献 [66] 的方法, 可知条件 (4.27) 和条件 (4.28) 可以保证

$$
\frac{N c_1 \mu \alpha^{N-1} \theta^{2d-1}}{\min_{\forall k \in \mathcal{L}}\{\lambda_{\min}(H_k)\}} < \frac{N c_1 \mu \alpha^{N-1} \theta^{2d-1}}{\epsilon_1} < \frac{c_2}{\epsilon_2} < \frac{c_2}{\max_{\forall k \in \mathcal{L}}\{\lambda_{\max}(H_k)\}}
$$

成立, 这等价于定理 4.1 的条件 (4.14). 证毕.

4.3　有限区域 H_∞ 控制

4.3.1　H_∞ 性能分析

接下来, 我们将要给出 2D 异步切换系统 (4.9) 在切换信号 $\sigma(i,j)$ 下, 关于 $(c_1, c_2, N, R, \omega, \sigma)$ 有一个有限区域加权的 H_∞ 扰动衰减性能的充分条件.

定理 4.3

对任意的 $k, q \in \mathcal{L}(k \neq q)$, 给定常数 $0 < \eta < 1$, $\mu \geqslant 1$, $\beta_k > \alpha_k \geqslant 1$, $\gamma_k > 0$, 如果存在矩阵 $P_k > 0$, $Q_k > 0$, 以及一个标量 $\gamma > 0$, 使得式 (4.13) 和

$$\begin{bmatrix} \Delta_{11} & * \\ \Delta_{21} & \Delta_{22} \end{bmatrix} < 0, \tag{4.33}$$

$$\begin{bmatrix} \Theta_{11} & * \\ \Theta_{21} & \Theta_{22} \end{bmatrix} < 0, \tag{4.34}$$

以及

$$(\lambda_2 c_1 + \chi \lambda_3 \omega) N \mu \alpha^{N-1} \theta^{2d-1} < \lambda_1 c_2 \tag{4.35}$$

都成立, 且切换信号 σ 的驻留时间满足

$$\begin{aligned} \tau_{\mathrm{d}} &> \tau_{\mathrm{d}}^* \\ &= \max \left\{ \frac{(N-1)(\ln \mu + d \ln \theta)}{\ln(\lambda_1 c_2) - \ln[N(\lambda_2 c_1 + \chi \lambda_3 \omega)] - \ln \mu - (N-1) \ln \alpha - (2d-1) \ln \theta}, \right. \\ &\quad \left. \frac{\ln \mu + d \ln \theta}{\ln \alpha} \right\}, \end{aligned} \tag{4.36}$$

则 2D 切换系统 (4.9) 关于 $(c_1, c_2, N, R, \omega, \sigma)$ 是有限区域有界的, 且有一个加权的 H_∞ 扰动衰减水平 $\widetilde{\gamma}$, 其中

$$\Delta_{11} = \mathrm{diag}\left\{-\alpha_k P_{1k}, -\alpha_k P_{2k}, -\gamma_k Q_{1k}, -\gamma_k Q_{2k}, -\gamma^2 I, -\gamma^2 I\right\},$$

$$\Delta_{21} = \begin{bmatrix} C_k + D_k K_k & 0 & 0 & 0 & E_k & 0 \\ 0 & C_k + D_k K_k & 0 & 0 & 0 & E_k \\ A_{1k} + B_{1k} K_k & A_{2k} + B_{2k} K_k & G_{1k} & G_{2k} & G_{1k} & G_{2k} \end{bmatrix},$$

$$\Theta_{11} = \mathrm{diag}\left\{-\beta_k P_{1k}, -\beta_k P_{2k}, -\gamma_k Q_{1k}, -\gamma_k Q_{2k}, -\gamma^2 I, -\gamma^2 I\right\},$$

$$\Theta_{21} = \begin{bmatrix} C_k + D_k K_q & 0 & 0 & 0 & E_k & 0 \\ 0 & C_k + D_k K_q & 0 & 0 & 0 & E_k \\ A_{1k} + B_{1k} K_q & A_{2k} + B_{2k} K_q & G_{1k} & G_{2k} & G_{1k} & G_{2k} \end{bmatrix},$$

$$\Delta_{22} = \Theta_{22} = \mathrm{diag}\left\{-I, -I, -P_k^{-1}\right\},$$

且

$$P_{1k} = \eta P_k, \quad P_{2k} = (1-\eta)P_k, \quad Q_{1k} = \eta Q_k, \quad Q_{2k} = (1-\eta)Q_k,$$

$$\alpha = \max_{\forall k \in \mathcal{L}}\{\alpha_k\}, \quad \beta = \max_{\forall k \in \mathcal{L}}\{\beta_k\}, \quad \chi = \max_{\forall k \in \mathcal{L}}\{\gamma_k\}, \quad \theta = \max_{\forall k \in \mathcal{L}}\{\beta_k/\alpha_k\},$$

$$\lambda_1 = \min_{\forall k \in \mathcal{L}}\{\lambda_{\min}(\widetilde{P}_k)\}, \quad \lambda_2 = \max_{\forall k \in \mathcal{L}}\{\lambda_{\max}(\widetilde{P}_k)\}, \quad \lambda_3 = \max_{\forall k \in \mathcal{L}}\{\lambda_{\max}(Q_k)\},$$

$$\widetilde{P}_k = R^{-\frac{1}{2}} P_k R^{-\frac{1}{2}}, \quad \widetilde{\gamma} = \sqrt{\mu \gamma^2 \theta^{2d-1}}.$$

证明 选择 2D 切换系统 (4.9) 的 Lyapunov 函数 (4.16). 记 $\widehat{A}_{1k} = A_{1k} + B_{1k}K_k$, $\widehat{A}_{2k} = A_{2k} + B_{2k}K_k$, $\widehat{C}_k = C_k + D_k K_k$.

首先, 我们证明 2D 切换系统 (4.9) 关于 $(c_1, c_2, N, R, \omega, \sigma)$ 是有限区域有界的.

当 $\kappa \in [\kappa_l, \kappa_{l+1})$ 时, $\sigma(\kappa) = \sigma(\kappa_l)$, 定义

$$W_{\sigma(\kappa)}(i,j) = w^{\mathrm{T}}(i,j)Q_{\sigma(\kappa)}w(i,j) = W_{\sigma(\kappa)}^1(i,j) + W_{\sigma(\kappa)}^2(i,j),$$

其中

$$W_{\sigma(\kappa)}^1(i,j) = w^{\mathrm{T}}(i,j)Q_{1\sigma(\kappa)}w(i,j), \quad W_{\sigma(\kappa)}^2(i,j) = w^{\mathrm{T}}(i,j)Q_{2\sigma(\kappa)}w(i,j).$$

当控制器的模态和系统的模态同步时, $\kappa \in [\kappa_l + d(\kappa_l), \kappa_{l+1})$ $(l \in \mathbb{N}^+)$, $\sigma(\kappa) = k \in \mathcal{L}$, 则

$$
\begin{aligned}
&V_{\sigma(\kappa)}(i+1,j+1) - \alpha_{\sigma(\kappa)}[V_{\sigma(\kappa)}^1(i,j+1) + V_{\sigma(\kappa)}^2(i+1,j)]\\
&\quad - \gamma_{\sigma(\kappa)}[W_{\sigma(\kappa)}^1(i,j+1) + W_{\sigma(\kappa)}^2(i+1,j)]\\
&= V_k(i+1,j+1) - \alpha_k[V_k^1(i,j+1) + V_k^2(i+1,j)]\\
&\quad - \gamma_k[W_k^1(i,j+1) + W_k^2(i+1,j)]\\
&= \bar{\eta}^{\mathrm{T}}(i,j)\Psi_k\bar{\eta}(i,j),
\end{aligned}
$$

其中

$$\bar{\eta}^{\mathrm{T}}(i,j) = [x^{\mathrm{T}}(i,j+1)\ x^{\mathrm{T}}(i+1,j)\ w^{\mathrm{T}}(i,j+1)\ w^{\mathrm{T}}(i+1,j)],$$

$$\Psi_k = \begin{bmatrix} \widehat{A}_{1k}^{\mathrm{T}} P_k \widehat{A}_{1k} - \alpha_k P_{1k} & * & * & * \\ \widehat{A}_{2k}^{\mathrm{T}} P_k \widehat{A}_{1k} & \widehat{A}_{2k}^{\mathrm{T}} P_k \widehat{A}_{2k} - \alpha_k P_{2k} & * & * \\ G_{1k}^{\mathrm{T}} P_k \widehat{A}_{1k} & G_{1k}^{\mathrm{T}} P_k \widehat{A}_{2k} & G_{1k}^{\mathrm{T}} P_k G_{1k} - \gamma_k Q_{1k} & * \\ G_{2k}^{\mathrm{T}} P_k \widehat{A}_{1k} & G_{2k}^{\mathrm{T}} P_k \widehat{A}_{2k} & G_{2k}^{\mathrm{T}} P_k G_{1k} & G_{2k}^{\mathrm{T}} P_k G_{2k} - \gamma_k Q_{2k} \end{bmatrix}$$

使用 Schur 补引理, 条件 (4.33) 能够保证 $\Psi_k < 0$, 则

$$
\begin{aligned}
V_k(i+1, j+1) <& \alpha_k[V_k^1(i, j+1) + V_k^2(i+1, j)] \\
& + \gamma_k[W_k^1(i, j+1) + W_k^2(i+1, j)].
\end{aligned}
$$

类似于定理 4.1 的证明, 对任意的 $D \in (\kappa_l + d(\kappa_l), \kappa_{l+1})$, 若 $\sigma(\kappa) = k \in \mathcal{L}$, 则可以得到

$$
\begin{aligned}
\sum_{i+j=D} V_k(i, j) <& \alpha_k^{D-(\kappa_l+d(\kappa_l))} \sum_{i+j=\kappa_l+d(\kappa_l)} V_k(i, j) \\
& + \sum_{s=\kappa_l+d(\kappa_l)+1}^{D} \alpha_k^{D-s} [V_k(0, s) + V_k(s, 0)] \\
& + \sum_{s=\kappa_l+d(\kappa_l)}^{D-1} \sum_{i+j=s} \alpha_k^{D-1-s} \gamma_k W_k(i, j). \quad (4.37)
\end{aligned}
$$

当 $\kappa \in [\kappa_l, \kappa_l + d(\kappa_l))(l \in \mathbb{N}^+)$ 时, 控制器的模态和系统的模态是异步的. 假设 $\sigma(\kappa_{l-1}) = q \in \mathcal{L}$, 由条件 (4.34) 可得

$$
\begin{aligned}
V_k(i+1, j+1) <& \beta_k[V_k^1(i, j+1) + V_k^2(i+1, j)] \\
& + \gamma_k[W_k^1(i, j+1) + W_k^2(i+1, j)],
\end{aligned}
$$

则

$$
\begin{aligned}
\sum_{i+j=\kappa_l+d(\kappa_l)} V_k(i, j) <& \beta_k^{d(\kappa_l)} \sum_{i+j=\kappa_l} V_k(i, j) \\
& + \sum_{s=\kappa_l+1}^{\kappa_l+d(\kappa_l)} \beta_k^{\kappa_l+d(\kappa_l)-s} [V_k(0, s) + V_k(s, 0)] \\
& + \sum_{s=\kappa_l}^{\kappa_l+d(\kappa_l)-1} \sum_{i+j=s} \beta_k^{\kappa_l+d(\kappa_l)-1-s} \gamma_k W_k(i, j). \quad (4.38)
\end{aligned}
$$

所以由式 (4.37) 和式 (4.38) 可得

$$
\begin{aligned}
\sum_{i+j=D} V_{\sigma(\kappa)}(i, j) <& \alpha_{\sigma(\kappa_l)}^{D-\kappa_l} \theta_{\sigma(\kappa_l)}^{d(\kappa_l)} \sum_{i+j=\kappa_l} V_{\sigma(\kappa_l)}(i, j) \\
& + \sum_{s=\kappa_l+1}^{\kappa_l+d(\kappa_l)} \alpha_{\sigma(\kappa_l)}^{D-s} \theta_{\sigma(\kappa_l)}^{\kappa_l+d(\kappa_l)-s} [V_{\sigma(\kappa_l)}(0, s) + V_{\sigma(\kappa_l)}(s, 0)] \\
& + \sum_{s=\kappa_l+d(\kappa_l)+1}^{D} \alpha_{\sigma(\kappa_l)}^{D-s} [V_{\sigma(\kappa_l)}(0, s) + V_{\sigma(\kappa_l)}(s, 0)]
\end{aligned}
$$

$$+ \sum_{s=\kappa_l}^{\kappa_l+d(\kappa_l)-1} \sum_{i+j=s} \alpha_{\sigma(\kappa_l)}^{D-1-s} \theta_{\sigma(\kappa_l)}^{\kappa_l+d(\kappa_l)-1-s} \gamma_{\sigma(\kappa_l)} W_{\sigma(\kappa_l)}(i,j)$$

$$+ \sum_{s=\kappa_l+d(\kappa_l)}^{D-1} \sum_{i+j=s} \alpha_{\sigma(\kappa_l)}^{D-1-s} \gamma_{\sigma(\kappa_l)} W_{\sigma(\kappa_l)}(i,j), \tag{4.39}$$

其中, $\theta_{\sigma(\kappa_l)} = \beta_{\sigma(\kappa_l)}/\alpha_{\sigma(\kappa_l)}$.

令 $\alpha = \max\limits_{\forall k \in \mathcal{L}}\{\alpha_k\}$, $\beta = \max\limits_{\forall k \in \mathcal{L}}\{\beta_k\}$, $\theta = \max\limits_{\forall k \in \mathcal{L}}\{\beta_k/\alpha_k\}$, $\chi = \max\limits_{\forall k \in \mathcal{L}}\{\gamma_k\}$, 则从式 (4.39) 和条件 (4.13) 可得

$$\sum_{i+j=D} V_{\sigma(\kappa)}(i,j)$$

$$< \mu\alpha^{D-\kappa_l}\theta^d \sum_{i+j=\kappa_l} V_{\sigma(\kappa_{l-1})}(i,j)$$

$$+ \sum_{s=\kappa_l+1}^{\kappa_l+d(\kappa_l)} \alpha^{D-s}\theta^{d(\kappa_l)-1}[V_{\sigma(\kappa_l)}(0,s) + V_{\sigma(\kappa_l)}(s,0)]$$

$$+ \sum_{s=\kappa_l+d(\kappa_l)+1}^{D} \alpha^{D-s}[V_{\sigma(\kappa_l)}(0,s) + V_{\sigma(\kappa_l)}(s,0)]$$

$$+ \sum_{s=\kappa_l}^{\kappa_l+d(\kappa_l)-1} \sum_{i+j=s} \alpha^{D-1-s}\theta^{d(\kappa_l)-1}\chi W_{\sigma(\kappa_l)}(i,j)$$

$$+ \sum_{s=\kappa_l+d(\kappa_l)}^{D-1} \sum_{i+j=s} \alpha^{D-1-s}\chi W_{\sigma(\kappa_l)}(i,j)$$

$$< \mu\alpha^{D-\kappa_l}\theta^d \sum_{i+j=\kappa_l} V_{\sigma(\kappa_{l-1})}(i,j)$$

$$+ \theta^{d-1} \sum_{s=\kappa_l+1}^{D} \alpha^{D-s}[V_{\sigma(\kappa_l)}(0,s) + V_{\sigma(\kappa_l)}(s,0)]$$

$$+ \theta^{d-1} \sum_{s=\kappa_l}^{D-1} \sum_{i+j=s} \alpha^{D-1-s}\chi W_{\sigma(\kappa_l)}(i,j)$$

$$< \cdots$$

$$< (\mu\theta^d)^{N_\sigma(1,D)}\alpha^{D-1} \sum_{i+j=1} V_{\sigma(1)}(i,j)$$

$$+ \theta^{d-1} \sum_{s=2}^{D} (\mu\theta^d)^{N_\sigma(s,D)}\alpha^{D-s}\lambda_2[x^{\mathrm{T}}(0,s)Rx(0,s) + x^{\mathrm{T}}(s,0)Rx(s,0)]$$

$$+ \theta^{d-1} \sum_{s=1}^{D-1} \sum_{i+j=s} (\mu\theta^d)^{N_\sigma(s+1,D)}\alpha^{D-1-s}\chi\lambda_3 w^{\mathrm{T}}(i,j)w(i,j)$$

$$< (\mu\theta^d)^{N_\sigma(1,N)}\alpha^{N-1}\theta^{d-1}\sum_{s=1}^{N}\lambda_2[x^{\mathrm{T}}(0,s)Rx(0,s) + x^{\mathrm{T}}(s,0)Rx(s,0)]$$
$$+ \theta^{d-1}(\mu\theta^d)^{N_\sigma(1,N)}\alpha^{N-1}N\chi\lambda_3\omega$$
$$< (\mu\theta^d)^{N_\sigma(1,N)}\alpha^{N-1}\theta^{d-1}N(\lambda_2 c_1 + \chi\lambda_3\omega), \tag{4.40}$$

其中, $\lambda_2 = \max\limits_{\forall k \in \mathcal{L}}\{\lambda_{\max}(\widetilde{P}_k)\}$, $\lambda_3 = \max\limits_{\forall k \in \mathcal{L}}\{\lambda_{\max}(Q_k)\}$. 根据 $N_\sigma(1,N) \leqslant 1 + \dfrac{N-1}{\tau_d}$, 由式 (4.40) 可得

$$x^{\mathrm{T}}(i,j)Rx(i,j) < \frac{(\lambda_2 c_1 + \chi\lambda_3\omega)N\mu}{\lambda_1}\left(\mu\theta^d\right)^{\frac{N-1}{\tau_d}}\alpha^{N-1}\theta^{2d-1}, \tag{4.41}$$

其中, $\lambda_1 = \min\limits_{\forall k \in \mathcal{L}}\{\lambda_{\min}(\widetilde{P}_k)\}$. 由条件 (4.35), 我们可以得到

$$\ln(\lambda_1 c_2) - \ln[N(\lambda_2 c_1 + \chi\lambda_3\omega)] - \ln\mu - (N-1)\ln\alpha - (2d-1)\ln\theta > 0.$$

将条件 (4.36) 代入式 (4.41), 可以导出

$$x^{\mathrm{T}}(i,j)Rx(i,j) < c_2.$$

这说明, 2D 切换闭环系统 (4.9) 关于 $(c_1, c_2, N, R, \omega, \sigma)$ 是有限区域有界的.

接下来, 我们证明 2D 切换系统 (4.9) 的有限区域加权的 H_∞ 性能.

令 $\Pi(i,j) = \bar{z}^{\mathrm{T}}\bar{z} - \gamma^2\bar{w}^{\mathrm{T}}\bar{w}$, 其中

$$\bar{z}^{\mathrm{T}} = [z^{\mathrm{T}}(i,j+1)\ z^{\mathrm{T}}(i+1,j)], \quad \bar{w}^{\mathrm{T}} = [w^{\mathrm{T}}(i,j+1)\ w^{\mathrm{T}}(i+1,j)].$$

当 $\kappa \in [\kappa_l + d(\kappa_l), \kappa_{l+1})(l \in \mathbb{N}^+)$ 时, 有

$$\sigma(\kappa) = k \in \mathcal{L},$$
$$V_k(i+1,j+1) - \alpha_k[V_k^1(i,j+1) + V_k^2(i+1,j)] + \Pi(i,j) = \bar{\eta}^{\mathrm{T}}(i,j)\Omega_k\bar{\eta}(i,j),$$

其中

$$\Omega_k = \begin{bmatrix} \widehat{A}_{1k}^{\mathrm{T}}P_k\widehat{A}_{1k} + \widehat{C}_k^{\mathrm{T}}\widehat{C}_k - \alpha_k P_{1k} & * \\ \widehat{A}_{2k}^{\mathrm{T}}P_k\widehat{A}_{1k} & \widehat{A}_{2k}^{\mathrm{T}}P_k\widehat{A}_{2k} + \widehat{C}_k^{\mathrm{T}}\widehat{C}_k - \alpha_k P_{2k} \\ G_{1k}^{\mathrm{T}}P_k\widehat{A}_{1k} + E_k^{\mathrm{T}}\widehat{C}_k & G_{1k}^{\mathrm{T}}P_k\widehat{A}_{2k} \\ G_{2k}^{\mathrm{T}}P_k\widehat{A}_{1k} & G_{2k}^{\mathrm{T}}P_k\widehat{A}_{2k} + E_k^{\mathrm{T}}\widehat{C}_k \\[2mm] * & * \\ * & * \\ G_{1k}^{\mathrm{T}}P_kG_{1k} + E_k^{\mathrm{T}}E_k - \gamma^2 I & * \\ G_{2k}^{\mathrm{T}}P_kG_{1k} & G_{2k}^{\mathrm{T}}P_kG_{2k} + E_k^{\mathrm{T}}E_k - \gamma^2 I \end{bmatrix}.$$

根据 Schur 补引理, 条件 (4.33) 可以保证

$$
\begin{bmatrix}
-\alpha_k P_{1k} & * & * & * & * & * & * \\
0 & -\alpha_k P_{2k} & * & * & * & * & * \\
0 & 0 & -\gamma^2 I & * & * & * & * \\
0 & 0 & 0 & -\gamma^2 I & * & * & * \\
\widehat{C}_k & 0 & E_k & 0 & -I & * & * \\
0 & \widehat{C}_k & 0 & E_k & 0 & -I & * \\
\widehat{A}_{1k} & \widehat{A}_{2k} & G_{1k} & G_{2k} & 0 & 0 & -P_k^{-1}
\end{bmatrix} < 0
$$

成立. 再次使用 Schur 补引理, 可得 $\Omega_k < 0$, 则

$$
V_k(i+1, j+1) < \alpha_k[V_k^1(i, j+1) + V_k^2(i+1, j)] - \Pi(i, j).
$$

对任意的 $D \in (\kappa_l + d(\kappa_l), \kappa_{l+1})$, 很容易得到

$$
\begin{aligned}
\sum_{i+j=D} V_k(i, j) <& \alpha^{D-(\kappa_l+d(\kappa_l))} \sum_{i+j=\kappa_l+d(\kappa_l)} V_k(i, j) \\
&+ \sum_{s=\kappa_l+d(\kappa_l)+1}^{D} \alpha^{D-s}[V_k(0, s) + V_k(s, 0)] \\
&- \sum_{s=\kappa_l+d(\kappa_l)-1}^{D-2} \sum_{i+j=s} \alpha^{D-2-s} \Pi(i, j). \quad (4.42)
\end{aligned}
$$

当 $\kappa \in [\kappa_l, \kappa_l + d(\kappa_l))(l \in \mathbb{N}^+)$ 时, 由条件 (4.34) 可得

$$
V_k(i+1, j+1) < \beta_k[V_k^1(i, j+1) + V_k^2(i+1, j)] - \Pi(i, j),
$$

则

$$
\begin{aligned}
\sum_{i+j=\kappa_l+d(\kappa_l)} V_k(i, j) <& \beta^{d(\kappa_l)} \sum_{i+j=\kappa_l} V_k(i, j) + \sum_{s=\kappa_l+1}^{\kappa_l+d(\kappa_l)} \beta^{\kappa_l+d(\kappa_l)-s}[V_k(0, s) + V_k(s, 0)] \\
&- \sum_{s=\kappa_l-1}^{\kappa_l+d(\kappa_l)-2} \sum_{i+j=s} \beta^{\kappa_l+d(\kappa_l)-2-s} \Pi(i, j). \quad (4.43)
\end{aligned}
$$

令 $a = \max\limits_{\forall k \in \mathcal{L}} \{\lambda_{\max}(P_k)\}$. 根据式 (4.42) 和式 (4.43), 并考虑条件 (4.13), 我们可以得到

$$
\begin{aligned}
\sum_{i+j=D} V_{\sigma(\kappa_l)}(i, j) <& \alpha^{D-\kappa_l} \theta^d \sum_{i+j=\kappa_l} V_{\sigma(\kappa_l)}(i, j) \\
&+ \sum_{s=\kappa_l+1}^{\kappa_l+d(\kappa_l)} \alpha^{D-s} \theta^{\kappa_l+d(\kappa_l)-s}[V_{\sigma(\kappa_l)}(0, s) + V_{\sigma(\kappa_l)}(s, 0)]
\end{aligned}
$$

$$+ \sum_{s=\kappa_l+d(\kappa_l)+1}^{D} \alpha^{D-s}[V_{\sigma(\kappa_l)}(0,s) + V_{\sigma(\kappa_l)}(s,0)]$$

$$- \sum_{s=\kappa_l+d(\kappa_l)-1}^{D-2} \sum_{i+j=s} \alpha^{D-2-s}\Pi(i,j)$$

$$- \sum_{s=\kappa_l-1}^{\kappa_l+d(\kappa_l)-2} \sum_{i+j=s} \alpha^{D-2-s}\theta^{\kappa_l+d(\kappa_l)-2-s}\Pi(i,j)$$

$$< \mu\theta^d\alpha^{D-\kappa_l} \sum_{i+j=\kappa_l} V_{\sigma(\kappa_{l-1})}(i,j)$$

$$+ a\theta^{d-1} \sum_{s=\kappa_l+1}^{D} \alpha^{D-s}[v^2(s) + \varpi^2(s)]$$

$$- \sum_{s=\kappa_l+d(\kappa_l)-1}^{D-2} \sum_{i+j=s} \alpha^{D-2-s}\Pi(i,j)$$

$$- \sum_{s=\kappa_l-1}^{\kappa_l+d(\kappa_l)-2} \sum_{i+j=s} \alpha^{D-2-s}\theta^{\kappa_l+d(\kappa_l)-2-s}\Pi(i,j)$$

$$< \cdots$$

$$< (\mu\theta^d)^{N_\sigma(1,D)}\alpha^{D-1} \sum_{i+j=1} V_{\sigma(1)}(i,j)$$

$$+ a\theta^{d-1}\sum_{s=2}^{D}(\mu\theta^d)^{N_\sigma(s,D)}\alpha^{D-s}[v^2(s) + \varpi^2(s)]$$

$$- \sum_{s=0}^{\kappa_1-2} \sum_{i+j=s} (\mu\theta^d)^{N_\sigma(1,D)}\alpha^{D-2-s}\Pi(i,j)$$

$$- \sum_{s=\kappa_1+d(\kappa_1)-1}^{\kappa_2-2} \sum_{i+j=s} (\mu\theta^d)^{N_\sigma(\kappa_1,D)}\alpha^{D-2-s}\Pi(i,j)$$

$$- \sum_{s=\kappa_1-1}^{\kappa_1+d(\kappa_1)-2} \sum_{i+j=s} (\mu\theta^d)^{N_\sigma(\kappa_1,D)}\alpha^{D-2-s}\theta^{\kappa_1+d(\kappa_1)-2-s}\Pi(i,j)$$

$$- \cdots - \sum_{s=\kappa_l+d(\kappa_l)-1}^{D-2} \sum_{i+j=s} \alpha^{D-2-s}\Pi(i,j)$$

$$- \sum_{s=\kappa_l-1}^{\kappa_l+d(\kappa_l)-2} \sum_{i+j=s} \alpha^{D-2-s}\theta^{\kappa_l+d(\kappa_l)-2-s}\Pi(i,j). \tag{4.44}$$

记 $\beta_* = a\theta^d \sum_{s=1}^{D}(\mu\theta^d)^{N_\sigma(s,D)}\alpha^{D-s}[v^2(s) + \varpi^2(s)]$. 由于 $\Pi(i,j) = \bar{z}^{\mathrm{T}}\bar{z} -$

$\gamma^2 \bar{w}^{\mathrm{T}} \bar{w}$, $V_{\sigma(\kappa_l)}(i,j) > 0$, 且 $1 < \theta^{\kappa_1 + d(\kappa_1) - 2 - s} < \theta^{d-1}$, 从式 (4.44) 可得

$$\beta_* + \theta^{d-1} \sum_{s=0}^{D-2} \sum_{i+j=s} (\mu\theta^d)^{N_\sigma(s+1,D)} \alpha^{D-2-s} \gamma^2 \bar{w}^{\mathrm{T}} \bar{w}$$

$$> \sum_{s=0}^{D-2} \sum_{i+j=s} (\mu\theta^d)^{N_\sigma(s+1,D)} \alpha^{D-2-s} \bar{z}^{\mathrm{T}} \bar{z}.$$

将上面的不等式两边同时乘以 $(\mu\theta^d)^{-N_\sigma(1,D)} \alpha^{2D}$, 可得

$$\beta_* (\mu\theta^d)^{-N_\sigma(1,D)} \alpha^{2D} + \sum_{s=0}^{D-2} \sum_{i+j=s} (\mu\theta^d)^{-N_\sigma(1,s+1)} \gamma^2 \theta^{d-1} \alpha^{-s} \bar{w}^{\mathrm{T}} \bar{w}$$

$$> \sum_{s=0}^{D-2} \sum_{i+j=s} (\mu\theta^d)^{-N_\sigma(1,s+1)} \alpha^{-s} \bar{z}^{\mathrm{T}} \bar{z}.$$

注意到 $-1 - \dfrac{s}{\tau_d} \leqslant -N_\sigma(1, s+1) \leqslant 0$, 则

$$\beta_{**} + \sum_{s=0}^{D-2} \sum_{i+j=s} \gamma^2 \theta^{d-1} \alpha^{-s} \bar{w}^{\mathrm{T}} \bar{w} > \sum_{s=0}^{D-2} \sum_{i+j=s} (\mu\theta^d)^{-1} (\mu\theta^d)^{-\frac{s}{\tau_d}} \alpha^{-s} \bar{z}^{\mathrm{T}} \bar{z}, \quad (4.45)$$

其中

$$\beta_{**} = a\theta^d \sum_{s=1}^{D} (\mu\theta^d)^{-N_\sigma(1,s)} \alpha^{2-s} [v^2(s) + \varpi^2(s)].$$

因为 $\tau_{\mathrm{d}} > \dfrac{\ln\mu + d\ln\theta}{\ln\alpha}$, 所以 $\dfrac{s}{\tau_{\mathrm{d}}} < \dfrac{s\ln\alpha}{\ln\mu\theta^d}$. 将这个关系式代入式 (4.45), 且将式 (4.45) 的两边同时乘以 $\mu\theta^d$, 可得

$$\mu\theta^d \beta_{**} + \sum_{s=0}^{D-2} \sum_{i+j=s} \mu\gamma^2 \theta^{2d-1} \alpha^{-s} \bar{w}^{\mathrm{T}} \bar{w} > \sum_{s=0}^{D-2} \sum_{i+j=s} \alpha^{-2s} \bar{z}^{\mathrm{T}} \bar{z}.$$

又因为 $(\mu\theta^d)^{-N_\sigma(1,s)} \leqslant 1$, 且 $\alpha^{-s} \leqslant 1$, 选取

$$\beta(x_0(i,j)) = a\mu\theta^{2d} \sum_{s=1}^{D} \alpha^{2-s} [v^2(s) + \varpi^2(s)],$$

令 $\widetilde{\gamma} = \sqrt{\mu\gamma^2\theta^{2d-1}}$, $\lambda = \alpha^{-2}$, $D - 2 = N - 1$, 则可以得到

$$\sum_{s=0}^{N-1} \sum_{i+j=s} \lambda^s \bar{z}^{\mathrm{T}} \bar{z} \leqslant \widetilde{\gamma}^2 \sum_{s=0}^{N-1} \sum_{i+j=s} \bar{w}^{\mathrm{T}} \bar{w} + \beta(x_0(i,j)).$$

这说明, 有限区域加权的 H_∞ 性能式 (4.7) 成立.

因此根据定义 4.2, 2D 切换系统 (4.9) 在切换信号 $\sigma(i,j)$ 下关于 $(c_1, c_2, N, R, \omega, \sigma)$ 有一个加权的 H_∞ 扰动衰减水平 $\widetilde{\gamma}$. 证毕.

注 4.4　现有一些关于 2D 离散切换 FMLSS 模型 H_∞ 性能的结果 [117-118,134]，但是，它们只考虑了无限区域上的 H_∞ 性能，只适用于无限区域情形. 定理 4.3 解决了 2D 离散切换 FMLSS 模型在有限区域上的 H_∞ 性能，并且能够处理有限区域情形下的类似问题.

4.3.2　控制器设计

根据定理 4.3 给出的结果，我们为 2D 异步切换系统 (4.1) 设计一个有限区域模态依赖的 H_∞ 状态反馈控制器. 具体来讲，定理 4.4 将借助于 LMIs 给出系统 (4.1) 在切换信号 $\sigma(i,j)$ 下关于 $(c_1, c_2, N, R, \omega, \sigma)$ 有一个有限区域加权的 H_∞ 扰动衰减水平 $\widetilde{\gamma}$ 的充分条件.

定理 4.4

给定系统 (4.1)，(c_1, c_2, N, R, ω)，以及常数 $0 < \eta < 1$，$\mu \geqslant 1$，$\beta_k > \alpha_k \geqslant 1$，$\gamma_k > 0$. 如果存在正常数 ϵ_1，ϵ_2，ϵ_3，矩阵 $H_k > 0$，$H_q > 0$，$Z_k > 0$，以及 $Y_k, Y_q (k, q \in \mathcal{L}, k \neq q)$ 和一个常数 γ，使得式 (4.26) 和

$$\begin{bmatrix} \Lambda_{11} & * \\ \Lambda_{21} & \Lambda_{22} \end{bmatrix} < 0, \tag{4.46}$$

$$\begin{bmatrix} \Xi_{11} & * \\ \Xi_{21} & \Xi_{22} \end{bmatrix} < 0, \tag{4.47}$$

$$\epsilon_1 I < H_k < \epsilon_2 I, \quad \epsilon_3 I < Z_k, \tag{4.48}$$

$$\tag{4.49}$$

以及

$$\begin{bmatrix} \epsilon_2 c_2 & * & * \\ \epsilon_2 \sqrt{c_1 N \mu \alpha^{N-1} \theta^{2d-1}} & \epsilon_1 & * \\ \epsilon_2 \sqrt{\chi \omega N \mu \alpha^{N-1} \theta^{2d-1}} & 0 & \epsilon_3 \end{bmatrix} > 0 \tag{4.50}$$

都成立，且切换信号 σ 的驻留时间满足

$$\tau_{\mathrm{d}} > \tau_{\mathrm{d}}^*$$

$$= \max \left\{ \frac{(N-1)(\ln \mu + d \ln \theta)}{\ln(c_2/\epsilon_2) - \ln[N(c_1/\epsilon_1 + \chi \omega/\epsilon_3)] - \ln \mu - (N-1)\ln \alpha - (2d-1)\ln \theta}, \right.$$

$$\left. \frac{\ln \mu + d \ln \theta}{\ln \alpha} \right\}, \tag{4.51}$$

则 2D 切换系统 (4.1) 关于 $(c_1, c_2, N, R, \omega, \sigma)$ 是有限区域有界的，且有一个加权的 H_∞ 扰动衰减水平 $\widetilde{\gamma}$，其中

$$\Lambda_{11} = \mathrm{diag}\left\{ -\alpha_k \eta \widetilde{H}_k, -\alpha_k(1-\eta)\widetilde{H}_k, -\gamma_k \eta Z_k, -\gamma_k(1-\eta)Z_k, -\gamma^2 I, -\gamma^2 I \right\},$$

$$\Lambda_{21} = \begin{bmatrix} C_k\widetilde{H}_k + D_kY_k & 0 & 0 & 0 & E_k & 0 \\ 0 & C_k\widetilde{H}_k + D_kY_k & 0 & 0 & 0 & E_k \\ A_{1k}\widetilde{H}_k + B_{1k}Y_k & A_{2k}\widetilde{H}_k + B_{2k}Y_k & G_{1k}Z_k & G_{2k}Z_k & G_{1k} & G_{2k} \end{bmatrix},$$

$$\Xi_{11} = \mathrm{diag}\big\{\beta_k\eta(\widetilde{H}_k - 2\widetilde{H}_q), \beta_k(1-\eta)(\widetilde{H}_k - 2\widetilde{H}_q), -\gamma_k\eta Z_k, -\gamma_k(1-\eta)Z_k,$$
$$-\gamma^2 I, -\gamma^2 I\big\},$$

$$\Xi_{21} = \begin{bmatrix} C_k\widetilde{H}_q + D_kY_q & 0 & 0 & 0 & E_k & 0 \\ 0 & C_k\widetilde{H}_q + D_kY_q & 0 & 0 & 0 & E_k \\ A_{1k}\widetilde{H}_q + B_{1k}Y_q & A_{2k}\widetilde{H}_q + B_{2k}Y_q & G_{1k}Z_k & G_{2k}Z_k & G_{1k} & G_{2k} \end{bmatrix},$$

$$\Lambda_{22} = \Xi_{22} = \mathrm{diag}\big\{-I, -I, -\widetilde{H}_k\big\},$$

$$\alpha = \max_{\forall k \in \mathcal{L}}\{\alpha_k\}, \quad \beta = \max_{\forall k \in \mathcal{L}}\{\beta_k\}, \quad \chi = \max_{\forall k \in \mathcal{L}}\{\gamma_k\},$$

$$\theta = \max_{\forall k \in \mathcal{L}}\{\beta_k/\alpha_k\}, \quad \widetilde{H}_k = R^{-\frac{1}{2}}H_kR^{-\frac{1}{2}}, \quad \widetilde{\gamma} = \sqrt{\mu\gamma^2\theta^{2d-1}}.$$

此外, 有限区域模态依赖的 H_∞ 状态反馈控制器的增益由 $K_k = Y_k\widetilde{H}_k^{-1}$ 给出.

证明 类似于定理 4.2 的证明, 我们只需要证明定理 4.4 的条件可以保证定理 4.3 的有效性.

定义 $\widetilde{H}_k = P_k^{-1} = R^{-\frac{1}{2}}H_kR^{-\frac{1}{2}}$, $Z_k = Q_k^{-1}$ 和 $Y_k = K_k\widetilde{H}_k(\forall\ k \in \mathcal{L})$. 将这些关系式代入条件 (4.46) 和条件 (4.47) 中, 然后将式 (4.46) 的两边同时乘以 $\mathrm{diag}\{P_k, P_k, Q_k, Q_k, I, I, I, I, I\}$, 可以得到定理 4.3 的条件 (4.33) 成立. 对条件 (4.47) 使用 $-\widetilde{H}_q\widetilde{H}_k^{-1}\widetilde{H}_q < \widetilde{H}_k - 2\widetilde{H}_q$, 然后将所得到的 LMI 两边同时乘以 $\mathrm{diag}\{P_q, P_q, Q_k, Q_k, I, I, I, I, I\}$, 可以得到定理 4.3 的条件 (4.34) 成立.

从定理 4.2 的证明中可以看出, 条件 (4.26) 隐含了条件 (4.13).

对式 (4.50) 使用 Schur 补引理, 可以得到

$$\frac{c_2}{\epsilon_2} - \left(\frac{c_1}{\epsilon_1} + \frac{\chi\omega}{\epsilon_3}\right)N\mu\alpha^{N-1}\theta^{2d-1} > 0.$$

这说明, 定理 4.3 的条件 (4.35) 在条件 (4.48) 下成立. 证毕.

注 4.5 定理 4.3 的条件 (4.35) 很难去求解. 在定理 4.4 中, 我们使用文献 [66] 提出的方法, 用条件 (4.48) 和条件 (4.50) 来代替条件 (4.35), 所得到的结果都是基于 LMI 技术的. 对于 2D 非切换系统, 关于有限区域控制[77]的 LMIs 条件的计算复杂度高于关于 Lyapunov 渐近稳定性控制的[128]LMIs 条件的计算复杂度. 类似于 2D 非切换情形, 与 2D 切换系统 Lyapunov 渐近稳定性相关的无限区域上的异步控制结果[118]相比较, 由有限区域有界性导入的变量 Z_k, ϵ_1, ϵ_2, ϵ_3, 使得

这里所得到的有限区域异步控制结果的 LMIs 约束有较高的矩阵阶数和较多的决策变量, 因此增加了计算的复杂度.

4.4　数 值 算 例

在本节中, 我们将给出两个数值算例来说明本章所提结果的有效性. 所有的仿真都是通过 LMI 工具箱求解的.

例 4.1　当 $w(i,j)=0$ 时, 考虑由下列参数构成的 2D 切换系统 (4.1):

$$A_{11} = \begin{bmatrix} 1.17 & 1.0 \\ 0 & 0.2 \end{bmatrix}, \quad A_{21} = \begin{bmatrix} 0 & 0.4 \\ 0.1 & 0.4 \end{bmatrix}, \quad B_{11} = \begin{bmatrix} 0.1 \\ 0.1 \end{bmatrix}, \quad B_{21} = \begin{bmatrix} 0.01 \\ 0.01 \end{bmatrix},$$

$$A_{12} = \begin{bmatrix} 0.5 & 1.2 \\ 0 & 1.1 \end{bmatrix}, \quad A_{22} = \begin{bmatrix} 0 & 1 \\ 0.3 & 0.9 \end{bmatrix}, \quad B_{12} = \begin{bmatrix} 0.05 \\ 0.1 \end{bmatrix}, \quad B_{22} = \begin{bmatrix} 0 \\ 0.2 \end{bmatrix}.$$

给定 c_1, c_2, N, 最大滞后 d, 以及矩阵 R, 如下:

$$c_1 = 0.2, \quad c_2 = 50, \quad N = 10, \quad R = I, \quad d = 2.$$

对于 $\eta = 0.63$, $\mu = 1.01$, $\alpha_1 = 1.06$, $\beta_1 = 1.07$, $\alpha_2 = 1.08$ 和 $\beta_2 = 1.09$, 通过求解定理 4.2, 我们可以得到如下可行解:

$$H_1 = \begin{bmatrix} 1.6760 & -0.3865 \\ -0.3865 & 0.4509 \end{bmatrix}, \quad H_2 = \begin{bmatrix} 1.6775 & -0.3857 \\ -0.3857 & 0.4527 \end{bmatrix},$$

$$Y_1 = \begin{bmatrix} -2.9163 & -2.0220 \end{bmatrix}, \quad Y_2 = \begin{bmatrix} 0.0688 & -2.3688 \end{bmatrix},$$

$$\epsilon_1 = 0.2183, \quad \epsilon_2 = 2.3984.$$

通过计算, 可以求得 $\tau_{\mathrm{d}}^* = 2.8311$, 以及模态依赖的状态反馈控制器

$$K_1 = \begin{bmatrix} -3.4583 & -7.4498 \end{bmatrix}, \quad K_2 = \begin{bmatrix} -1.4454 & -6.4644 \end{bmatrix}.$$

根据式 (4.29), 切换信号 σ 需要满足 $\tau_{\mathrm{d}} > \tau_{\mathrm{d}}^* = 2.8311$. 选取如图 4.1 所示的驻留时间 $\tau_{\mathrm{d}} = 3$ 的切换信号 σ, 其切换滞后 $d(\kappa_1) = 1$, $d(\kappa_2) = 2$.

假设边界条件满足

$$x(i,0) = \begin{cases} [0.4 \ 0.2]^{\mathrm{T}}, & 0 \leqslant i \leqslant 10, \\ [0 \quad 0]^{\mathrm{T}}, & i > 10, \end{cases}$$

$$x(0,j) = \begin{cases} [0.2 \ 0.4]^{\mathrm{T}}, & 1 \leqslant j \leqslant 10, \\ [0 \quad 0]^{\mathrm{T}}, & j > 10. \end{cases}$$

在没有控制器的情况下, 2D 切换系统 (4.1) 在 $w(i,j) = 0$ 时的状态权重值 $x^{\mathrm{T}}(i,j)$ $Rx(i,j)$ 如图 4.2 所示. 则从图中可以看出, 系统 (4.1) 在 $w(i,j) = 0$ 时关于 $(0.2, 50, 10, I, \sigma)$ 不是有限区域稳定的.

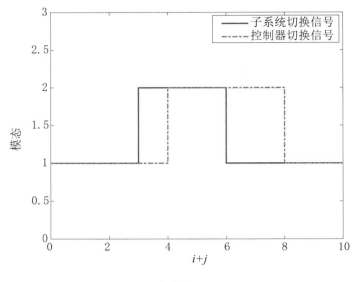

图 4.1　切换信号 $\sigma(i,j)$

$$x^{\mathrm{T}}(i,j)\,Rx(i,j)$$

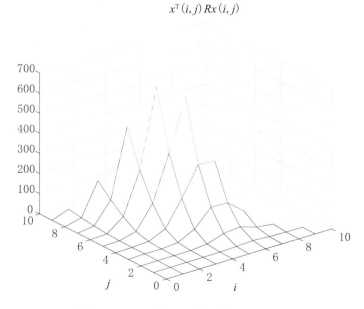

图 4.2　开环系统 (4.1) 的 $x^{\mathrm{T}}(i,j)Rx(i,j)$

闭环系统 (4.10) 的 $x^{\mathrm{T}}(i,j)Rx(i,j)$ 如图 4.3 所示, 则从图中可以看出, 2D 切换系统 (4.10) 在异步切换下所设计的模态依赖状态反馈控制器关于 $(0.2, 50, 10, I, \sigma)$ 是有限区域稳定的.

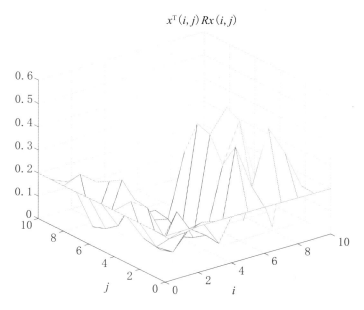

$$x^{\mathrm{T}}(i,j)Rx(i,j)$$

图 4.3　闭环系统 (4.10) 的 $x^{\mathrm{T}}(i,j)Rx(i,j)$

例 4.2　在实际应用中, 水流加热、气体吸收和空气干燥的一些有趣的线性过程, 可以用 Darboux 方程来描述[139]:

$$\frac{\partial^2 s(x,t)}{\partial x \partial t} = a_{1,\sigma(x,t)}\frac{\partial s(x,t)}{\partial t} + a_{2,\sigma(x,t)}\frac{\partial s(x,t)}{\partial x} + a_{0,\sigma(x,t)}s(x,t) + b_{\sigma(x,t)}f(x,t),$$

$$(4.52)$$

其中, $s(x,t)$ 是 $x \in [0, t_f](t \in [0,\infty))$ 上的一个已知函数; $f(x,t)$ 是输入函数; $a_{0,\sigma(x,t)}$, $a_{1,\sigma(x,t)}$, $a_{2,\sigma(x,t)}$ 和 $b_{\sigma(x,t)}$ 是切换信号 $\sigma(x,t)$ 的实函数. 类似于文献 [128, 118], 取

$$h(x,t) = \frac{\partial s(x,t)}{\partial t} - a_{2,\sigma(x,t)}s(x,t),$$
$$x(i,j) = [h^{\mathrm{T}}(i,j)\ s^{\mathrm{T}}(i,j)]^{\mathrm{T}},$$

其中, $x(i,j) = x(i\Delta x, j\Delta t)$, 则模型 (4.52) 可以转化为 2D 切换系统

$$x(i+1,j+1) = A_{1\sigma(i,j+1)}x(i,j+1) + A_{2\sigma(i+1,j)}x(i+1,j)$$
$$+ B_{1\sigma(i,j+1)}u(i,j+1) + B_{2\sigma(i+1,j)}u(i+1,j).$$

假设 $M = 2$, 则

$$A_{11} = \begin{bmatrix} 1 + a_{1,1}\Delta x & (a_{1,1}a_{2,1} + a_{0,1})\Delta x \\ 0 & 0 \end{bmatrix}, \quad A_{21} = \begin{bmatrix} 0 & 0 \\ \Delta t & 1 + a_{2,1}\Delta t \end{bmatrix},$$

$$B_{11} = \begin{bmatrix} b_1\Delta x \\ 0 \end{bmatrix}, \quad B_{21} = \begin{bmatrix} 0 \\ 0 \end{bmatrix},$$

$$A_{12} = \begin{bmatrix} 1 + a_{1,2}\Delta x & (a_{1,2}a_{2,2} + a_{0,2})\Delta x \\ 0 & 0 \end{bmatrix}, \quad A_{22} = \begin{bmatrix} 0 & 0 \\ \Delta t & 1 + a_{2,2}\Delta t \end{bmatrix},$$

$$B_{12} = \begin{bmatrix} b_2\Delta x \\ 0 \end{bmatrix}, \quad B_{22} = \begin{bmatrix} 0 \\ 0 \end{bmatrix}.$$

令

$$\Delta x = 0.2, \quad \Delta t = 0.2,$$
$$a_{0,1} = 15.9, \quad a_{1,1} = 3, \quad a_{2,1} = -3, \quad b_1 = 0.5,$$
$$a_{0,2} = 11.5, \quad a_{1,2} = 1, \quad a_{2,2} = -4, \quad b_2 = 0.7.$$

考虑由如下矩阵构成的 2D 切换系统 (4.1) 的有限区域 H_∞ 控制问题:

$$A_{11} = \begin{bmatrix} 1.6 & 1.38 \\ 0 & 0 \end{bmatrix}, \quad A_{21} = \begin{bmatrix} 0 & 0 \\ 0.2 & 0.4 \end{bmatrix},$$

$$B_{11} = \begin{bmatrix} 0.1 \\ 0 \end{bmatrix}, \quad B_{21} = \begin{bmatrix} 0 \\ 0 \end{bmatrix},$$

$$G_{11} = \begin{bmatrix} 0.01 \\ 0.01 \end{bmatrix}, \quad G_{21} = \begin{bmatrix} 0 \\ 0.03 \end{bmatrix},$$

$$C_1 = [2\ 0.05], \quad D_1 = 0.1, \quad E_1 = 0.2;$$

$$A_{12} = \begin{bmatrix} 1.2 & 1.5 \\ 0 & 0 \end{bmatrix}, \quad A_{22} = \begin{bmatrix} 0 & 0 \\ 0.2 & 0.2 \end{bmatrix},$$

$$B_{12} = \begin{bmatrix} 0.14 \\ 0 \end{bmatrix}, \quad B_{22} = \begin{bmatrix} 0 \\ 0 \end{bmatrix},$$

$$G_{12} = \begin{bmatrix} 0.2 \\ 0.1 \end{bmatrix}, \quad G_{22} = \begin{bmatrix} 0.1 \\ 0.1 \end{bmatrix},$$

$$C_2 = [0.5\ 0.5], \quad D_2 = 0.1, \quad E_2 = 0.1.$$

给定 c_1, c_2, N, ω, 最大滞后 d, 以及矩阵 R, 如下:

$$c_1 = 0.52, \quad c_2 = 30, \quad N = 10, \quad R = I, \quad \omega = 4, \quad d = 2.$$

考虑边界条件

$$x(i,0) = \begin{cases} [0.6\ 0.4]^T, & 0 \leqslant i \leqslant 10, \\ [0\ \ 0]^T, & i > 10, \end{cases}$$

$$x(0,j) = \begin{cases} [0.4 \quad 0.6]^{\mathrm{T}}, & 1 \leqslant j \leqslant 10, \\ [0 \quad 0]^{\mathrm{T}}, & j > 10, \end{cases}$$

以及外部扰动

$$w(i,j) = 0.4\sin(0.1(i+j))\exp(-0.03(i+j)).$$

我们的目的是设计一个有限区域模态依赖的 H_∞ 状态反馈控制器, 使得 2D 切换系统 (4.1) 关于 $(0.52, 30, 10, I, 4, \sigma)$ 是有限区域有界的, 且有一个加权的 H_∞ 扰动衰减水平 $\tilde{\gamma}$. 通过求解定理 4.4, 其中

$$\eta = 0.7, \quad \mu = 1.15, \quad \alpha_1 = 1.07, \quad \beta_1 = 1.10,$$
$$\gamma_1 = 2, \quad \alpha_2 = 1.07, \quad \beta_2 = 1.09, \quad \gamma_2 = 4,$$

可以得到如下可行解:

$$H_1 = \begin{bmatrix} 0.2088 & 0.0024 \\ 0.0024 & 0.2059 \end{bmatrix}, \quad H_2 = \begin{bmatrix} 0.2142 & 0.0027 \\ 0.0027 & 0.2128 \end{bmatrix},$$
$$Y_1 = \begin{bmatrix} -2.3210 & -1.5977 \end{bmatrix}, \quad Y_2 = \begin{bmatrix} -1.8503 & -2.1275 \end{bmatrix},$$
$$Z_1 = 12.2258, \quad Z_2 = 4.8978, \quad \epsilon_1 = 0.1992,$$
$$\epsilon_2 = 0.2194, \quad \epsilon_3 = 4.8611, \quad \gamma = 11.4989.$$

通过计算, 可得 $\tau_{\mathrm{d}}^* = \max\{2.4878, 2.8831\} = 2.8831$ 及有限区域模态依赖的 H_∞ 状态反馈控制器

$$K_1 = \begin{bmatrix} -11.0287 & -7.6302 \end{bmatrix}, \quad K_2 = \begin{bmatrix} -8.5155 & -9.8933 \end{bmatrix}.$$

根据式 (4.51), 切换信号 σ 需要满足 $\tau_{\mathrm{d}} > \tau_{\mathrm{d}}^* = 2.8831$, 选取如图 4.4 所示的切换信号 σ, 其中驻留时间 $\tau_{\mathrm{d}} = 3$, 切换滞后 $d(\kappa_1) = 2$, $d(\kappa_2) = 1$. 2D 切换系统 (4.1) 在 $u(i,j) = 0$ 时的状态权重值 $x^{\mathrm{T}}(i,j)Rx(i,j)$ 如图 4.5 所示, 则从图中可以看出, 系统 (4.1) 在没有控制器下关于 $(0.52, 30, 10, I, 4, \sigma)$ 不是有限区域有界的. 设计了控制器以后, 系统 (4.1) 的状态响应 $x^{\mathrm{T}}(i,j)Rx(i,j)$ 如图 4.6 所示, 则从图中可以看出, 在设计的有限区域模态依赖的 H_∞ 状态反馈控制器的异步切换下, 2D 切换系统 (4.1) 关于 $(0.52, 30, 10, I, 4, \sigma)$ 是有限区域有界的, 且有一个加权的 H_∞ 扰动衰减水平 $\tilde{\gamma} = 12.8534$.

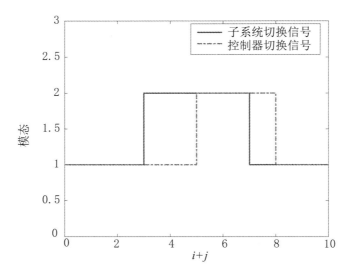

图 4.4 切换信号 $\sigma(i,j)$

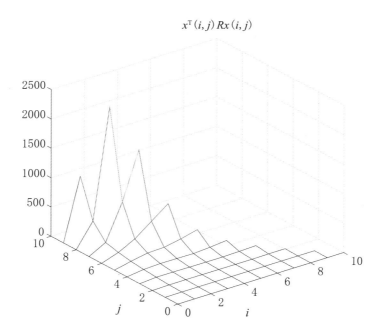

图 4.5 开环系统的 $x^{\mathrm{T}}(i,j)Rx(i,j)$

$$x^{\mathrm{T}}(i,j)\,Rx(i,j)$$

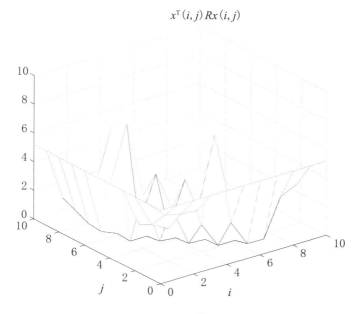

图 4.6　闭环系统的 $x^{\mathrm{T}}(i,j)\,Rx(i,j)$

小　　结

在本章中, 我们研究了 2D 切换 FMLSS 模型的有限区域异步切换控制问题. 首先, 基于驻留时间的方法, 分别提出了 2D 异步切换 FMLSS 模型的有限区域稳定和有限区域有界, 且满足加权的 H_∞ 性能的充分条件. 其次, 建立了有限区域镇定和有限区域 H_∞ 控制的结果, 并利用 LMIs 技术设计了有限区域模态依赖的状态反馈控制器. 最后, 给出数值算例, 说明了所提方法的有效性.

第 5 章 2D 切换系统的 H_∞ 性能

第 4 章研究了 2D 离散切换系统的有限区域加权的 H_∞ 性能问题, 本章将研究 2D 离散切换系统非加权的 H_∞ 性能问题.

现有的关于 2D 离散切换系统的 H_∞ 控制结果, 主要是基于平均驻留时间的方法得到的. 但是, 由平均驻留时间方法得到的结果是加权的扰动衰减水平. 与 2D 离散非切换系统非加权的 H_∞ 性能水平相比, 加权的 H_∞ 扰动衰减水平不能真实地反映问题的物理意义, 它只能被看作一个较弱的衰减水平. 虽然由第 3 章耗散性能所导出的 H_∞ 性能指标是非加权的, 但是这些结果仅适用于由所有稳定子系统构成的 2D 离散切换系统, 稳定和不稳定子系统共存的 2D 离散切换系统的 H_∞ 性能还没有被考虑. 在本章中, 我们将通过使用最大最小驻留时间方法设计可容许的切换信号, 研究两类 2D 离散切换 FMLSS 模型 (一类子系统都是稳定子系统; 另一类既有稳定子系统又有不稳定子系统) 的稳定性和非加权的 H_∞ 性能问题.

5.1 问 题 描 述

考虑如下由 FMLSS 模型所描述的 2D 离散切换线性系统:

$$
\begin{aligned}
x(i+1, j+1) = {} & A_{1\sigma(i,j+1)}x(i, j+1) + A_{2\sigma(i+1,j)}x(i+1, j) \\
& + E_{1\sigma(i,j+1)}w(i, j+1) + E_{2\sigma(i+1,j)}w(i+1, j), \qquad (5.1a)
\end{aligned}
$$
$$
z(i, j) = G_{\sigma(i,j)}x(i, j) + L_{\sigma(i,j)}w(i, j), \qquad (5.1b)
$$

其中, $x(i,j) \in \mathbb{R}^n$ 是状态向量; $w(i,j)$ 是外部扰动输入且属于 $l_2\{[0,\infty), [0,\infty)\}$; $z(i,j) \in \mathbb{R}^p$ 是控制输出; $(i,j) \in \mathbb{N}^+ \times \mathbb{N}^+$, $\sigma(i,j) \to \mathcal{L} = \{1, 2, \cdots, M\}$ 是切换信号, 其中 M 为子系统的个数. 切换信号是一个关于时间的分段常函数. A_{1k}, A_{2k}, E_{1k}, E_{2k}, G_k, D_k 和 L_k 是适维的常实矩阵, 其中 $k \in \mathcal{L}$.

假设系统 (5.1) 的边界条件满足式 (3.2), 其中 z_1 和 z_2 是正整数, v_j 和 w_i 是

给定的向量.

注意到 $\sigma(i,j)$ 的值仅依赖于 $i+j$, 也就是说, 对所有的 $i+j = m+n$, $\sigma(i,j) = \sigma(m,n)$. 当 $i+j = \kappa$ 时, 记 $\sigma(i,j) = \sigma(\kappa)$. 令 $i_l+j_l = \kappa_l(l = 0,1,2,\cdots)$ 表示第 l 次切换时刻, 切换时间序列 $\sigma(\kappa)$ 可以表示为 $(\kappa_0, \kappa_1, \cdots, \kappa_l, \kappa_{l+1}, \cdots)$. 当 $\sigma(\kappa_l) = k \in \mathcal{L}$ 时, 第 k 个子系统在区间 $[\kappa_l, \kappa_{l+1})$ 上激活.

关于由 FMLSS 所描述的 2D 切换系统的 H_∞ 控制问题的现有研究, 是使用平均驻留时间切换得到的加权 H_∞ 控制.

定义 5.1 [53]

对于切换信号 σ 和任意的 $D \geqslant \kappa_0$, 令 $N_\sigma(\kappa_0, D)$ 表示切换信号 σ 在区间 $[\kappa_0, D)$ 上的切换次数. 如果对任意给定的 $N_0 \geqslant 0$, $\tau_{\mathrm{a}} > 0$, 有

$$N_\sigma(\kappa_0, D) \leqslant N_0 + \frac{D - \kappa_0}{\tau_{\mathrm{a}}} \tag{5.2}$$

成立, 则称常数 τ_{a} 为平均驻留时间, N_0 为抖动的界.

在研究 2D 切换系统中, 平均驻留时间是一个重要的方法, 并且解决了一些问题, 例如稳定性分析[53-55]、异步控制[118]和加权的 H_∞ 镇定问题[134]. 特别需要注意的是, 由平均驻留时间方法所得到的 2D 切换系统的 H_∞ 控制, 是加权的 H_∞ 控制. 文献 [24] 进一步研究了 1D 切换系统的驻留时间, 给出了切换次数上、下界的估计. 在本章中, 我们将使用这个方法研究 2D 切换 FMLSS 模型的非加权 H_∞ 控制问题. 下面的引理 5.1 推广了 1D 切换系统的最大最小驻留时间和切换次数之间的关系[24].

引理 5.1

对于切换信号 σ 和任意的 $D > \kappa_0$, 有

$$\frac{D - \kappa_0}{T_{\max}} - 1 \leqslant N_\sigma(\kappa_0, D) \leqslant \frac{D - \kappa_0}{T_{\min}} + 1 \tag{5.3}$$

成立, 其中 $T_{\max} = \sup\limits_{l=1,2,\cdots} (\kappa_l - \kappa_{l-1})$, $T_{\min} = \inf\limits_{l=1,2,\cdots} (\kappa_l - \kappa_{l-1})$ 分别是系统 (5.1) 的最大驻留时间和最小驻留时间.

注 5.1 对于 2D 切换系统, 区间 $[\kappa_0, D]$ 上的点实际上是一系列斜线. 与 1D 切换系统相比, 区间的形式虽然是一样的, 但是它们的意义不同. 另外需要指出的是, 最大最小驻留时间方法仅适用于那些有限最大驻留时间和非零最小驻留时间的系统.

> **定义 5.2**[134]
>
> 当 $w(i,j) = 0$ 时, 在切换信号 σ 下, 系统 (5.1) 被称为是指数稳定的, 如果对于一个给定的 $\kappa_0 > 0$, 存在正常数 $\eta > 0$, $0 < \rho < 1$, 使得对所有的 $D \geqslant \kappa_0$, 解 $x(i,j)$ 满足如下不等式:
>
> $$\sum_{i+j=D} \|x(i,j)\|^2 \leqslant \eta \rho^{D-\kappa_0} \sum_{i+j=\kappa_0} \|x(i,j)\|_r^2.$$
>
> 其中, $\|x(i,j)\|_r = \sup\{\|x(i,j)\| : i+j = r, i \leqslant z_1, j \leqslant z_2\}$.

在本章中, 我们将使用驻留时间依赖的切换律, 研究 2D 切换 FMLSS 模型的 H_∞ 扰动衰减问题. 首先给出如下非加权的 H_∞ 性能指标:

> **定义 5.3**
>
> 对于一个给定的常数 $\gamma > 0$, 在切换信号 σ 和零边界条件下, 对所有的 $0 \neq w \in l_2\{[0,\infty), [0,\infty)\}$, 系统 (5.1) 的 H_∞ 性能指标定义为
>
> $$\sum_{i=0}^{\infty} \sum_{j=0}^{\infty} \|\bar{z}\|_2^2 < \gamma^2 \sum_{i=0}^{\infty} \sum_{j=0}^{\infty} \|\bar{w}\|_2^2.$$
>
> 其中, 2D 离散信号 $z(i,j)$ 和 $w(i,j)$ 的 l_2-范数分别是
>
> $$\|\bar{z}\|_2^2 = \|z(i+1,j)\|_2^2 + \|z(i,j+1)\|_2^2,$$
> $$\|\bar{w}\|_2^2 = \|w(i+1,j)\|_2^2 + \|w(i,j+1)\|_2^2.$$

注 5.2 文献 [118, 134, 117] 中所研究的 2D 切换 FMLSS 模型的 H_∞ 性能指标是加权的, 即

$$\sum_{i=0}^{\infty} \sum_{j=0}^{\infty} (\alpha^{i+j} \|\bar{z}\|_2^2) < \gamma^2 \sum_{i=0}^{\infty} \sum_{j=0}^{\infty} \|\bar{w}\|_2^2 \quad (\alpha > 0).$$

但是本章所提的 H_∞ 性能指标是非加权的, 即

$$\sum_{i=0}^{\infty} \sum_{j=0}^{\infty} \|\bar{z}\|_2^2 < \gamma^2 \sum_{i=0}^{\infty} \sum_{j=0}^{\infty} \|\bar{w}\|_2^2.$$

这个非加权的性能指标与一般的 2D 系统是一致的.

现将本章要解决的问题描述为以下具体问题.

问题 5.1 对于一个给定的常数 $\gamma > 0$, 我们的目的是找到一个使得系统在切换信号 σ 下有一个 H_∞ 扰动衰减 γ 的充分条件, 也就是说, 在切换信号 σ 下同时满足定义 5.2 和定义 5.3.

接下来, 我们将基于最大最小驻留时间方法, 讨论离散时间 2D 切换系统 (5.1) 的 H_∞ 性能分析.

5.2　第一类系统的 H_∞ 性能

5.2.1　稳定性分析

对由所有稳定子系统构成的 2D 切换系统 (5.1), 使用引理 5.1, 我们得到定理 5.1. 定理 5.1可以保证系统 (5.1) 的渐近稳定性.

定理 5.1

当 $w(i,j) = 0$ 时, 考虑系统 (5.1). 对于给定的常数 $0 < \alpha < 1$, $\mu > 0$, 以及任意两个连续子系统 $k, l \in \mathcal{L}$ (σ 从 l 跳到 k) 且 $k \neq l$. 如果存在矩阵 $P_k > 0$, $Q_k > 0$, $P_l > 0$, $Q_l > 0$, 使得

$$\begin{bmatrix} -\alpha P_k & * & * & * \\ 0 & -\alpha Q_k & * & * \\ P_k A_{1k} & P_k A_{2k} & -P_k & * \\ Q_k A_{1k} & Q_k A_{2k} & 0 & -Q_k \end{bmatrix} < 0, \tag{5.4}$$

以及

$$P_k - \mu P_l \leqslant 0, \quad Q_k - \mu Q_l \leqslant 0 \tag{5.5}$$

都成立, 则 $w(i,j) = 0$ 时, 2D 离散切换系统 (5.1) 在最大最小驻留时间满足下列约束

$$T_{\min} > -\frac{\ln \mu}{\ln \alpha} \tag{5.6}$$

的任意切换下是指数稳定的.

证明　构造如下 Lyapunov 函数, 即

$$V_{\sigma(\kappa)}(i,j) = V^1_{\sigma(\kappa)}(i,j) + V^2_{\sigma(\kappa)}(i,j), \tag{5.7}$$

其中

$$V^1_{\sigma(\kappa)}(i,j) = x^{\mathrm{T}}(i,j) P_{\sigma(\kappa)} x(i,j), \quad V^2_{\sigma(\kappa)}(i,j) = x^{\mathrm{T}}(i,j) Q_{\sigma(\kappa)} x(i,j).$$

假设 $\kappa \in [\kappa_l, \kappa_{l+1})$，$\sigma(\kappa) = \sigma(\kappa_l) = k \in \mathcal{L}$，则

$$
\begin{aligned}
& V_k(i+1, j+1) - \alpha[V_k^1(i, j+1) + V_k^2(i+1, j)] \\
&= V_k^1(i+1, j+1) + V_k^2(i+1, j+1) - \alpha[V_k^1(i, j+1) + V_k^2(i+1, j)] \\
&= \eta^{\mathrm{T}} \Phi \eta,
\end{aligned} \tag{5.8}
$$

其中

$$
\eta = \left[\begin{array}{c} x(i+1, j) \\ x(i, j+1) \end{array}\right],
$$

$$
\Phi = \left[\begin{array}{cc} A_{1k}^{\mathrm{T}}(P_k + Q_k)A_{1k} - \alpha P_k & * \\ A_{2k}^{\mathrm{T}}(P_k + Q_k)A_{1k} & A_{2k}^{\mathrm{T}}(P_k + Q_k)A_{2k} - \alpha Q_k \end{array}\right].
$$

将式 (5.4) 的两边分别乘以 $\mathrm{diag}\{I, I, P_k^{-1}, Q_k^{-1}\}$，可以得到条件 (5.4) 等价于

$$
\left[\begin{array}{cccc} -\alpha P_k & * & * & * \\ 0 & -\alpha Q_k & * & * \\ A_{1k} & A_{2k} & -P_k^{-1} & * \\ A_{1k} & A_{2k} & 0 & -Q_k^{-1} \end{array}\right] < 0. \tag{5.9}
$$

对式 (5.9) 使用 Schur 补引理[136]，可以导出 $\Phi < 0$. 这说明对任意的 $\eta \neq 0$，有

$$
V_k(i+1, j+1) < \alpha[V_k^1(i, j+1) + V_k^2(i+1, j)]. \tag{5.10}
$$

考虑 $\kappa_l < D < \kappa_{l+1}$，则由式 (5.10) 可知，当 $\kappa \in [\kappa_l, D)$ 时，有

$$
\left\{\begin{array}{l}
V_{\sigma(\kappa)}(1, D-1) < \alpha[V_{\sigma(\kappa)}^1(0, D-1) + V_{\sigma(\kappa)}^2(1, D-2)], \\
V_{\sigma(\kappa)}(2, D-2) < \alpha[V_{\sigma(\kappa)}^1(1, D-2) + V_{\sigma(\kappa)}^2(2, D-3)], \\
\cdots, \\
V_{\sigma(\kappa)}(D-1, 1) < \alpha[V_{\sigma(\kappa)}^1(D-2, 1) + V_{\sigma(\kappa)}^2(D-1, 0)].
\end{array}\right.
$$

根据边界条件 (3.2)，可以得到

$$
\sum_{i+j=D} V_{\sigma(\kappa)}(i, j) < \alpha \sum_{i+j=D-1} V_{\sigma(\kappa)}(i, j) < \alpha^{D-\kappa_l} \sum_{i+j=\kappa_l} V_{\sigma(\kappa_l)}(i, j). \tag{5.11}
$$

假设 $\kappa \in [\kappa_{l-1}, \kappa_l)$，$\sigma(\kappa) = l \in \mathcal{L}$，则由条件 (5.5) 可得

$$
\sum_{i+j=\kappa_l} V_{\sigma(\kappa_l)}(i, j) < \mu \sum_{i+j=\kappa_l} V_{\sigma(\kappa_{l-1})}(i, j). \tag{5.12}
$$

结合式 (5.11) 和式 (5.12) 可得

$$
\sum_{i+j=D} V_{\sigma(\kappa)}(i, j) < \mu \alpha^{D-\kappa_l} \sum_{i+j=\kappa_l} V_{\sigma(\kappa_{l-1})}(i, j)
$$

$$< \mu \alpha^{D-\kappa_{l-1}} \sum_{i+j=\kappa_{l-1}} V_{\sigma(\kappa_{l-1})}(i,j)$$

$$< \mu^2 \alpha^{D-\kappa_{l-1}} \sum_{i+j=\kappa_{l-1}} V_{\sigma(\kappa_{l-2})}(i,j)$$

$$< \cdots$$

$$< \mu^{N_\sigma(\kappa_0,D)} \alpha^{D-\kappa_0} \sum_{i+j=\kappa_0} V_{\sigma(\kappa_0)}(i,j). \tag{5.13}$$

又由式 (5.7) 可知, 存在两个正常数 λ_1 和 λ_2, 使得对任意的 $\sigma(\kappa)=k\in\mathcal{L}$, 有

$$\lambda_1 \|x(i,j)\|^2 \leqslant V_k(i,j) \leqslant \lambda_2 \|x(i,j)\|^2 \tag{5.14}$$

成立, 其中

$$\lambda_1 = \min\{\lambda_{\min}(P_k)+\lambda_{\min}(Q_k)\}, \quad \lambda_2 = \max\{\lambda_{\max}(P_k)+\lambda_{\max}(Q_k)\},$$

则由式 (5.13) 和式 (5.14) 易知

$$\sum_{i+j=D} \|x(i,j)\|^2 \leqslant \frac{\lambda_2}{\lambda_1} \mu^{N_\sigma(\kappa_0,D)} \alpha^{D-\kappa_0} \sum_{i+j=\kappa_0} \|x(i,j)\|^2. \tag{5.15}$$

当 $\mu>1$ 时, 从式 (5.3) 可知 $\mu^{N_\sigma(\kappa_0,D)} \leqslant \mu^{\frac{D-\kappa_0}{T_{\min}}+1}$, 因此

$$\sum_{i+j=D} \|x(i,j)\|^2 \leqslant \frac{\lambda_2 \mu}{\lambda_1} (\mu^{\frac{1}{T_{\min}}} \alpha)^{D-\kappa_0} \sum_{i+j=\kappa_0} \|x(i,j)\|^2.$$

记 $\eta = \frac{\lambda_2 \mu}{\lambda_1} > 0$, $\rho = \mu^{\frac{1}{T_{\min}}} \alpha$. 从条件 (5.6) 可以得到 $0 < \rho < \mu^{-\frac{\ln\alpha}{\ln\mu}}\alpha = 1$, 则根据定义 5.2, 可知离散切换系统 (5.1) 是指数稳定的.

当 $\mu=1$ 时, 由式 (5.15) 得

$$\sum_{i+j=D} \|x(i,j)\|^2 \leqslant \frac{\lambda_2}{\lambda_1} \alpha^{D-\kappa_0} \sum_{i+j=\kappa_0} \|x(i,j)\|^2.$$

记 $\eta = \frac{\lambda_2}{\lambda_1} > 0$, $\rho = \alpha$, 则根据定义 5.2, 可知离散切换系统 (5.1) 是指数稳定的.

当 $0 < \mu < 1$ 时, 由式 (5.3) 得 $\mu^{N_\sigma(\kappa_0,D)} \leqslant \mu^{\frac{D-\kappa_0}{T_{\max}}-1}$, 则式 (5.15) 得

$$\sum_{i+j=D} \|x(i,j)\|^2 \leqslant \frac{\lambda_2}{\lambda_1 \mu} \left(\mu^{\frac{1}{T_{\max}}} \alpha\right)^{D-\kappa_0} \sum_{i+j=\kappa_0} \|x(i,j)\|^2.$$

记 $\eta = \frac{\lambda_2}{\lambda_1 \mu} > 0$, $\rho = \mu^{\frac{1}{T_{\max}}} \alpha$, 显然 $0 < \rho < 1$. 由定义 5.2 可知, 离散切换系统 (5.1) 是指数稳定的. 证毕.

注 5.3 定理 5.1 使用最大最小驻留时间的方法, 得到了 2D 切换 FMLSS 模型指数稳定性的充分条件. 特别地, 定理 5.1 的条件 (5.5) 在 $0 < \mu < 1$ 这种情况下是可解的 (见例 5.1), 这一点不同于由平均驻留时间方法得到的现有结果[54, 134](条件 (5.5) 只有在 $\mu > 1$ 时有解). 此外, 现有工作[54, 134]得到的 H_∞ 性能指标仅仅是加权形式的, 但是我们将在下面看到, 由定理 5.1 导出的 H_∞ 性能指标是非加权的.

5.2.2 H_∞ 性能分析

定理 5.2 给出了能够保证系统 (5.1) 指数稳定, 且有一个指定的 H_∞ 扰动衰减水平 γ 的充分条件.

定理 5.2

对于给定的常数 $\gamma > 0$, $\mu > 0$, $0 < \alpha < 1$, 以及两个连续的子系统 $k, l \in \mathcal{L}(\sigma$ 从 l 跳到 $k)$, 且 $k \neq l$, 如果存在矩阵 $P_k > 0$, $Q_k > 0$, $P_l > 0$, $Q_l > 0$, 使得

$$\begin{bmatrix} -\alpha P_k & * & * & * & * & * & * & * \\ 0 & -\alpha Q_k & * & * & * & * & * & * \\ 0 & 0 & -f_\mu I & * & * & * & * & * \\ 0 & 0 & 0 & -f_\mu I & * & * & * & * \\ P_k A_{1k} & P_k A_{2k} & P_k E_{1k} & P_k E_{2k} & -P_k & * & * & * \\ Q_k A_{1k} & Q_k A_{2k} & Q_k E_{1k} & Q_k E_{2k} & 0 & -Q_k & * & * \\ G_k & 0 & L_k & 0 & 0 & 0 & -I & * \\ 0 & G_k & 0 & L_k & 0 & 0 & 0 & -I \end{bmatrix} < 0 \tag{5.16}$$

和式 (5.5) 成立, 则在最大最小驻留时间满足式 (5.6) 的任意切换下, 2D 切换系统 (5.1) 是指数稳定的, 且有一个指定的 H_∞ 扰动衰减水平 γ. 其中, 当 $\mu > 1$ 时, $f_\mu = \dfrac{\gamma^2}{\mu^2} \dfrac{\mu^{1/T_{\max}}}{\mu^{1/T_{\min}}} \dfrac{1 - \mu^{1/T_{\min}}\alpha}{1 - \mu^{1/T_{\max}}\alpha}$; 当 $\mu = 1$ 时, $f_\mu = \gamma^2$; 当 $0 < \mu < 1$ 时, $f_\mu = \gamma^2 \mu^2 \dfrac{\mu^{1/T_{\min}}}{\mu^{1/T_{\max}}} \dfrac{1 - \mu^{1/T_{\max}}\alpha}{1 - \mu^{1/T_{\min}}\alpha}$. 式中, $T_{\max}$ 和 $T_{\min}$ 分别是最大和最小驻留时间.

证明　首先, 我们证明条件 (5.4) 成立. 记

$$
\Pi = \begin{bmatrix}
\mathrm{diag}\{I, I\} & 0 & 0 & 0 \\
0 & 0 & \mathrm{diag}\{I, I\} & 0 \\
0 & \mathrm{diag}\{I, I\} & 0 & 0 \\
0 & 0 & 0 & \mathrm{diag}\{I, I\}
\end{bmatrix}.
$$

将式 (5.16) 的两边分别乘以 Π 和 Π^{T}, 可以得到

$$
\Theta = \begin{bmatrix}
-\alpha P_k & * & * & * & * & * & * & * \\
0 & -\alpha Q_k & * & * & * & * & * & * \\
P_k A_{1k} & P_k A_{2k} & -P_k & * & * & * & * & * \\
Q_k A_{1k} & Q_k A_{2k} & 0 & -Q_k & * & * & * & * \\
0 & 0 & E_{1k}^{\mathrm{T}} P_k & E_{1k}^{\mathrm{T}} Q_k & -f_\mu I & * & * & * \\
0 & 0 & E_{2k}^{\mathrm{T}} P_k & E_{2k}^{\mathrm{T}} Q_k & 0 & -f_\mu I & * & * \\
G_k & 0 & 0 & 0 & L_k & 0 & -I & * \\
0 & G_k & 0 & 0 & 0 & L_k & 0 & -I
\end{bmatrix} < 0.
$$

由 Schur 补引理[136]易知, 条件 $\Theta < 0$ 能够保证条件 (5.4) 成立, 则根据定理 5.1, 我们可以得到当 $w(i,j) = 0$ 时, 2D 切换系统 (5.1) 是指数稳定的.

现在, 我们将证明对任意非零的 $w(i,j) \in l_2\{[0, \infty), [0, \infty)\}$, 系统 (5.1) 有一个指定的 H_∞ 性能 γ.

将式 (5.16) 的两边分别乘以 $\mathrm{diag}\{I, I, I, I, P_k^{-1}, Q_k^{-1}, I, I\}$, 然后利用 Schur 补引理[136], 可以得到

$$
\begin{bmatrix}
\Psi_{11} & * & * & * \\
A_{2k}^{\mathrm{T}}(P_k + Q_k)A_{1k} & \Psi_{22} & * & * \\
E_{1k}^{\mathrm{T}}(P_k + Q_k)A_{1k} + L_k^{\mathrm{T}}G_k & E_{1k}^{\mathrm{T}}(P_k + Q_k)A_{2k} & \Psi_{33} & * \\
E_{2k}^{\mathrm{T}}(P_k + Q_k)A_{1k} & E_{2k}^{\mathrm{T}}(P_k + Q_k)A_{2k} + L_k^{\mathrm{T}}G_k & E_{2k}^{\mathrm{T}}(P_k + Q_k)E_{1k} & \Psi_{44}
\end{bmatrix}
$$
$$
< 0, \tag{5.17}
$$

其中

$$
\Psi_{11} = A_{1k}^{\mathrm{T}}(P_k + Q_k)A_{1k} + G_k^{\mathrm{T}}G_k - \alpha P_k,
$$
$$
\Psi_{22} = A_{2k}^{\mathrm{T}}(P_k + Q_k)A_{2k} + G_k^{\mathrm{T}}G_k - \alpha Q_k,
$$
$$
\Psi_{33} = E_{1k}^{\mathrm{T}}(P_k + Q_k)E_{1k} + L_k^{\mathrm{T}}L_k - f_\mu I,
$$
$$
\Psi_{44} = E_{2k}^{\mathrm{T}}(P_k + Q_k)E_{2k} + L_k^{\mathrm{T}}L_k - f_\mu I.
$$

选取式 (5.7) 为 Lyapunov 函数. 类似于定理 5.1 的证明, 由式 (5.17) 可得, 对 $\kappa \in [\kappa_l, \kappa_{l+1})$, 有

$$
\sigma(\kappa) = \sigma(\kappa_l) = k \in \mathcal{L},
$$

$$V_k(i+1, j+1) < \alpha[V_k^1(i, j+1) + V_k^2(i+1, j)] - \Gamma(i, j), \qquad (5.18)$$

其中

$$\Gamma(i, j) = \overline{z}^{\mathrm{T}}\overline{z} - f_\mu \overline{w}^{\mathrm{T}}\overline{w},$$
$$\overline{z} = [z^{\mathrm{T}}(i, j+1)\ z^{\mathrm{T}}(i+1, j)]^{\mathrm{T}},$$
$$\overline{w} = [w^{\mathrm{T}}(i, j+1)\ w^{\mathrm{T}}(i+1, j)]^{\mathrm{T}}.$$

将式 (5.18) 的两边分别关于 i 从 0 到 $D-2$, j 从 $D-2$ 到 0 相加, 则在零边界条件下, 我们可以得到

$$\sum_{i+j=D} V_{\sigma(\kappa)}(i, j) < \alpha \sum_{i+j=D-1} V_{\sigma(\kappa)}(i, j) - \sum_{i+j=D-2} \Gamma(i, j)$$
$$< \alpha^{D-\kappa_l} \sum_{i+j=\kappa_l} V_{\sigma(\kappa)}(i, j) - \sum_{s=\kappa_l-1}^{D-2} \sum_{i+j=s} \alpha^{D-s-2}\Gamma(i, j)$$
$$< \mu\alpha^{D-\kappa_l} \sum_{i+j=\kappa_l} V_{\sigma(\kappa_{l-1})}(i, j) - \sum_{s=\kappa_l-1}^{D-2} \sum_{i+j=s} \alpha^{D-s-2}\Gamma(i, j)$$
$$< \mu\alpha^{D-\kappa_l+1} \sum_{i+j=\kappa_l-1} V_{\sigma(\kappa_{l-1})}(i, j)$$
$$\quad - \sum_{s=\kappa_l-2}^{D-2} \sum_{i+j=s} \mu^{N_\sigma(s+1, D)}\alpha^{D-s-2}\Gamma(i, j)$$
$$< \mu\alpha^{D-\kappa_{l-1}} \sum_{i+j=\kappa_{l-1}} V_{\sigma(\kappa_{l-1})}(i, j)$$
$$\quad - \sum_{s=\kappa_{l-1}-1}^{D-2} \sum_{i+j=s} \mu^{N_\sigma(s+1, D)}\alpha^{D-s-2}\Gamma(i, j)$$
$$< \cdots$$
$$< \mu^{N_\sigma(1, D)}\alpha^{D-1} \sum_{i+j=1} V_{\sigma(1)}(i, j)$$
$$\quad - \sum_{s=0}^{D-2} \sum_{i+j=s} \mu^{N_\sigma(s+1, D)}\alpha^{D-s-2}\Gamma(i, j). \qquad (5.19)$$

在零边界条件下, $\displaystyle\sum_{i+j=1} V_{\sigma(1)}(i, j) = 0$. 又考虑到 $\displaystyle\sum_{i+j=D} V_{\sigma(\kappa)}(i, j) \geqslant 0$, 所以可以得到

$$\sum_{s=0}^{D-2} \sum_{i+j=s} \mu^{N_\sigma(s+1, D)}\alpha^{D-s-2}\Gamma(i, j) < 0,$$

即

$$\sum_{s=0}^{D-2} \sum_{i+j=s} \mu^{N_\sigma(s+1,D)} \alpha^{D-s-2} \overline{z}^\mathrm{T} \overline{z} < f_\mu \sum_{s=0}^{D-2} \sum_{i+j=s} \mu^{N_\sigma(s+1,D)} \alpha^{D-s-2} \overline{w}^\mathrm{T} \overline{w}, \quad (5.20)$$

则由式 (5.3) 可以得到

$$\frac{D-s-1}{T_{\max}} - 1 \leqslant N_\sigma(s+1,D) \leqslant \frac{D-s-1}{T_{\min}} + 1. \quad (5.21)$$

当 $\mu > 1$ 时, 由式 (5.20) 和式 (5.21) 可得

$$\frac{1}{\mu} \sum_{s=0}^{D-2} \sum_{i+j=s} \left(\mu^{\frac{1}{T_{\max}}} \alpha \right)^{D-s-2} \mu^{\frac{1}{T_{\max}}} \overline{z}^\mathrm{T} \overline{z} < \mu f_\mu \sum_{s=0}^{D-2} \sum_{i+j=s} \left(\mu^{\frac{1}{T_{\min}}} \alpha \right)^{D-s-2} \mu^{\frac{1}{T_{\min}}} \overline{w}^\mathrm{T} \overline{w}$$

$$\Rightarrow \sum_{s=0}^{D-2} \sum_{i+j=s} \left(\mu^{\frac{1}{T_{\max}}} \alpha \right)^{D-s-2} \overline{z}^\mathrm{T} \overline{z} < \mu^2 f_\mu \frac{\mu^{1/T_{\min}}}{\mu^{1/T_{\max}}} \sum_{s=0}^{D-2} \sum_{i+j=s} \left(\mu^{\frac{1}{T_{\min}}} \alpha \right)^{D-s-2} \overline{w}^\mathrm{T} \overline{w}$$

$$\Rightarrow \sum_{D=2}^{\infty} \sum_{s=0}^{D-2} \sum_{i+j=s} \left(\mu^{\frac{1}{T_{\max}}} \alpha \right)^{D-s-2} \overline{z}^\mathrm{T} \overline{z}$$

$$< \mu^2 f_\mu \frac{\mu^{1/T_{\min}}}{\mu^{1/T_{\max}}} \sum_{D=2}^{\infty} \sum_{s=0}^{D-2} \sum_{i+j=s} \left(\mu^{\frac{1}{T_{\min}}} \alpha \right)^{D-s-2} \overline{w}^\mathrm{T} \overline{w}$$

$$\Rightarrow \sum_{s=0}^{\infty} \sum_{i+j=s} \overline{z}^\mathrm{T} \overline{z} \sum_{D=s+2}^{\infty} \left(\mu^{\frac{1}{T_{\max}}} \alpha \right)^{D-s-2}$$

$$< \mu^2 f_\mu \frac{\mu^{1/T_{\min}}}{\mu^{1/T_{\max}}} \sum_{s=0}^{\infty} \sum_{i+j=s} \overline{w}^\mathrm{T} \overline{w} \sum_{D=s+2}^{\infty} \left(\mu^{\frac{1}{T_{\min}}} \alpha \right)^{D-s-2}.$$

由式 (5.6) 可知, $0 < \mu^{1/T_{\max}} \alpha < \mu^{1/T_{\min}} \alpha < \mu^{-\frac{\ln \alpha}{\ln \mu}} \alpha = 1$. 因此

$$\sum_{s=0}^{\infty} \sum_{i+j=s} \overline{z}^\mathrm{T} \overline{z} < \mu^2 f_\mu \frac{\mu^{1/T_{\min}}}{\mu^{1/T_{\max}}} \frac{1 - \mu^{1/T_{\max}} \alpha}{1 - \mu^{1/T_{\min}} \alpha} \sum_{s=0}^{\infty} \sum_{i+j=s} \overline{w}^\mathrm{T} \overline{w}$$

$$\Rightarrow \sum_{i=0}^{\infty} \sum_{j=0}^{\infty} \overline{z}^\mathrm{T} \overline{z} < \mu^2 f_\mu \frac{\mu^{1/T_{\min}}}{\mu^{1/T_{\max}}} \frac{1 - \mu^{1/T_{\max}} \alpha}{1 - \mu^{1/T_{\min}} \alpha} \sum_{i=0}^{\infty} \sum_{j=0}^{\infty} \overline{w}^\mathrm{T} \overline{w}. \quad (5.22)$$

将 $f_\mu = \dfrac{\gamma^2}{\mu^2} \dfrac{\mu^{1/T_{\max}}}{\mu^{1/T_{\min}}} \dfrac{1 - \mu^{1/T_{\min}} \alpha}{1 - \mu^{1/T_{\max}} \alpha}$ 代入式 (5.22), 可得

$$\sum_{i=0}^{\infty} \sum_{j=0}^{\infty} \overline{z}^\mathrm{T} \overline{z} < \gamma^2 \sum_{i=0}^{\infty} \sum_{j=0}^{\infty} \overline{w}^\mathrm{T} \overline{w}. \quad (5.23)$$

当 $\mu = 1$ 时, 由式 (5.20) 易得

$$\sum_{s=0}^{\infty} \sum_{i+j=s} \overline{z}^\mathrm{T} \overline{z} \sum_{D=s+2}^{\infty} \alpha^{D-s-2} < f_\mu \sum_{s=0}^{\infty} \sum_{i+j=s} \overline{w}^\mathrm{T} \overline{w} \sum_{D=s+2}^{\infty} \alpha^{D-s-2}.$$

将 $f_\mu = \gamma^2$ 代入上式, 可以得到不等式 (5.23).

当 $0 < \mu < 1$ 时, 由式 (5.20) 和式 (5.21) 可得

$$
\mu \sum_{s=0}^{D-2} \sum_{i+j=s} \left(\mu^{\frac{1}{T_{\min}}} \alpha \right)^{D-s-2} \overline{z}^{\mathrm{T}} \overline{z} < \frac{1}{\mu} f_\mu \frac{\mu^{1/T_{\max}}}{\mu^{1/T_{\min}}} \sum_{s=0}^{D-2} \sum_{i+j=s} \left(\mu^{\frac{1}{T_{\max}}} \alpha \right)^{D-s-2} \overline{w}^{\mathrm{T}} \overline{w}
$$

$$
\Rightarrow \sum_{D=2}^{\infty} \sum_{s=0}^{D-2} \sum_{i+j=s} \left(\mu^{\frac{1}{T_{\min}}} \alpha \right)^{D-s-2} \overline{z}^{\mathrm{T}} \overline{z}
$$
$$
< f_\mu \frac{1}{\mu^2} \frac{\mu^{1/T_{\max}}}{\mu^{1/T_{\min}}} \sum_{D=2}^{\infty} \sum_{s=0}^{D-2} \sum_{i+j=s} \left(\mu^{\frac{1}{T_{\max}}} \alpha \right)^{D-s-2} \overline{w}^{\mathrm{T}} \overline{w}
$$

$$
\Rightarrow \sum_{s=0}^{\infty} \sum_{i+j=s} \overline{z}^{\mathrm{T}} \overline{z} \sum_{D=s+2}^{\infty} \left(\mu^{\frac{1}{T_{\min}}} \alpha \right)^{D-s-2}
$$
$$
< f_\mu \frac{1}{\mu^2} \frac{\mu^{1/T_{\max}}}{\mu^{1/T_{\min}}} \sum_{s=0}^{\infty} \sum_{i+j=s} \overline{w}^{\mathrm{T}} \overline{w} \sum_{D=s+2}^{\infty} \left(\mu^{\frac{1}{T_{\max}}} \alpha \right)^{D-s-2}.
$$

由于 $0 < \mu^{1/T_{\min}} \alpha < \mu^{1/T_{\max}} \alpha < 1$, 故将 $f_\mu = \gamma^2 \mu^2 \dfrac{\mu^{1/T_{\min}}}{\mu^{1/T_{\max}}} \dfrac{1 - \mu^{1/T_{\max}} \alpha}{1 - \mu^{1/T_{\min}} \alpha}$ 代入上式, 可以得到不等式 (5.23).

综上所述, 根据定义 5.3, 可以得到系统 (5.1) 有一个指定的 H_∞ 扰动衰减水平 γ. 证毕.

注 5.4 定理 5.2 解决了由所有稳定子系统构成的 2D 切换系统 (5.1) 的 H_∞ 镇定问题. 这个条件是利用最大最小驻留时间的方法得到的. 由定理 5.2 得到的 H_∞ 性能具有严格的非加权形式, 这不同于由平均驻留时间所讨论的 H_∞ 性能.[118, 134] 在文献 [118] 和文献 [134] 中, 加权项 α^{i+j} 不能取消, 因此所得到的 H_∞ 性能指标具有加权的形式, 这可以看作一个弱的 H_∞ 性能指标. 在实际的工程应用中, 本章所考虑的非加权形式是更重要的, 因为它能反映真实的扰动衰减性能.

5.3 第二类系统的 H_∞ 性能

定理 5.1 中的条件 (5.4) 说明所有子系统是稳定的, 这限制了定理 5.1 的应用. 下面, 我们将使用引理 5.1, 研究由稳定子系统和不稳定子系统共同构成的 2D 离散切换系统的 H_∞ 性能分析. 假设 $T_+(\kappa_0, D)$ 和 $T_-(\kappa_0, D)$ 分别表示那些不稳定子系统和稳定子系统在区间 $[\kappa_0, D]$ 上总共激活的时间. 令 $\mathcal{L}^- \subset \mathcal{L}, \mathcal{L}/\mathcal{L}^- = \mathcal{L}^+$. 若 $k \in \mathcal{L}$, 则第 k 个子系统是指数稳定的.

5.3.1　稳定性分析

下面的定理 5.3 给出了稳定和不稳定子系统共存的 2D 离散切换系统 (5.1) 在一定切换律下指数稳定的充分条件.

> **定理 5.3**
>
> 当 $w(i, j) = 0$ 时, 考虑系统 (5.1). 对于给定的常数 $0 < \alpha_- < \alpha_* < 1$, $\alpha_+ > 1$, $\mu > 0$, 以及任意两个连续的子系统 $k, l \in \mathcal{L}$ (σ 从 l 跳到 k), 且 $k \neq l$, 如果存在矩阵 $P_k > 0, Q_k > 0, P_l > 0, Q_l > 0$, 使得对每个稳定的子系统, 有
>
> $$\begin{bmatrix} -\alpha_- P_k & * & * & * \\ 0 & -\alpha_- Q_k & * & * \\ P_k A_{1k} & P_k A_{2k} & -P_k & * \\ Q_k A_{1k} & Q_k A_{2k} & 0 & -Q_k \end{bmatrix} < 0, \tag{5.24}$$
>
> 对每个不稳定的子系统, 有
>
> $$\begin{bmatrix} -\alpha_+ P_k & * & * & * \\ 0 & -\alpha_+ Q_k & * & * \\ P_k A_{1k} & P_k A_{2k} & -P_k & * \\ Q_k A_{1k} & Q_k A_{2k} & 0 & -Q_k \end{bmatrix} < 0, \tag{5.25}$$
>
> 且式 (5.5) 成立, 则当 $0 < \mu < 1$ 时, 在最大最小驻留时间满足
>
> $$T_{\max} < -\frac{\ln \mu}{\ln \alpha_+} \tag{5.26}$$
>
> 的任意切换信号下; 或当 $\mu \geqslant 1$ 时, 在最大最小驻留时间满足
>
> $$T_{\min} > -\frac{\ln \mu}{\ln \alpha_*} \tag{5.27}$$
>
> 的切换律
>
> $$\frac{T_-(\kappa_0, D)}{T_+(\kappa_0, D)} \geqslant \frac{\ln \alpha_+ - \ln \alpha_*}{\ln \alpha_* - \ln \alpha_-} \tag{5.28}$$
>
> 下, 2D 离散切换系统 (5.1) 是指数稳定的.

证明　选取式 (5.7) 作为 Lyapunov 函数. 类似于定理 5.1 的证明, 条件 (5.24) 和条件 (5.25) 可以保证下面的不等式成立:

$$V_k(i+1, j+1) < \begin{cases} \alpha_-[V_k^1(i, j+1) + V_k^2(i+1, j)], & k \in \mathcal{L}^-, \\ \alpha_+[V_k^1(i, j+1) + V_k^2(i+1, j)], & k \in \mathcal{L}^+. \end{cases}$$

当 $\kappa \in [\kappa_l, \kappa_{l+1})$, $\sigma(\kappa) = \sigma(\kappa_l) = k \in \mathcal{L}^-$ 时, 有一个迭代公式

$$\sum_{i+j=D} V_{\sigma(\kappa)}(i, j) < \alpha_-^{D-\kappa_l} \sum_{i+j=\kappa_l} V_{\sigma(\kappa_l)}(i, j).$$

类似地, 当 $\kappa \in [\kappa_l, \kappa_{l+1})$, $\sigma(\kappa) = \sigma(\kappa_l) = k \in \mathcal{L}^+$ 时, 也有一个迭代公式

$$\sum_{i+j=D} V_{\sigma(\kappa)}(i, j) < \alpha_+^{D-\kappa_l} \sum_{i+j=\kappa_l} V_{\sigma(\kappa_l)}(i, j).$$

除了条件 (5.24) 和条件 (5.25), 如果对任意连续的 $k, l \in \mathcal{L}$, 条件 (5.5) 也成立, 则类似于 (5.13) 的过程, 我们可以得到

$$\sum_{i+j=D} V_{\sigma(\kappa)}(i, j) < \mu^{N_\sigma(\kappa_0, D)} \alpha_+^{T_+(\kappa_0, D)} \alpha_-^{T_-(\kappa_0, D)} \sum_{i+j=\kappa_0} V_{\sigma(\kappa_0)}(i, j). \tag{5.29}$$

将式 (5.14) 和式 (5.29) 结合, 易得

$$\sum_{i+j=D} \|x(i, j)\|^2 \leqslant \frac{\lambda_2}{\lambda_1} \mu^{N_\sigma(\kappa_0, D)} \alpha_+^{T_+(\kappa_0, D)} \alpha_-^{T_-(\kappa_0, D)} \sum_{i+j=\kappa_0} \|x(i, j)\|^2. \tag{5.30}$$

当 $0 < \mu < 1$ 时, 由式 (5.3) 可得 $\mu^{N_\sigma(\kappa_0, D)} \leqslant \mu^{\frac{D-\kappa_0}{T_{\max}} - 1}$, 因此

$$\sum_{i+j=D} \|x(i, j)\|^2 \leqslant \frac{\lambda_2}{\lambda_1 \mu} \mu^{\frac{D-\kappa_0}{T_{\max}}} \alpha_+^{T_+(\kappa_0, D)} \sum_{i+j=\kappa_0} \|x(i, j)\|^2$$

$$\leqslant \frac{\lambda_2}{\lambda_1 \mu} (\mu^{\frac{1}{T_{\max}}} \alpha_+)^{D-\kappa_0} \sum_{i+j=\kappa_0} \|x(i, j)\|^2.$$

记 $\eta = \frac{\lambda_2}{\lambda_1 \mu}$, 且 $\rho = \mu^{\frac{1}{T_{\max}}} \alpha_+$. 如果最大最小驻留时间满足式 (5.26), 则 $0 < \rho < 1$. 根据定义 5.2, 可知 2D 离散切换系统 (5.1) 是指数稳定的.

当 $\mu = 1$ 时, 由式 (5.30) 可得

$$\sum_{i+j=D} \|x(i, j)\|^2 \leqslant \frac{\lambda_2}{\lambda_1} \alpha_+^{T_+(\kappa_0, D)} \alpha_-^{T_-(\kappa_0, D)} \sum_{i+j=\kappa_0} \|x(i, j)\|^2.$$

在切换律满足式 (5.28) 的情况下, 有

$$T_+(\kappa_0, D) \ln \alpha_+ + T_-(\kappa_0, D) \ln \alpha_- \leqslant (D - \kappa_0) \ln \alpha_*,$$

则

$$\sum_{i+j=D} \|x(i,j)\|^2 \leqslant \frac{\lambda_2}{\lambda_1} \alpha_*^{D-\kappa_0} \sum_{i+j=\kappa_0} \|x(i,j)\|^2.$$

显然 $\frac{\lambda_2}{\lambda_1} > 0, 0 < \alpha_* < 1$. 因此, 系统 (5.1) 是指数稳定的.

当 $\mu > 1$ 时, 由式 (5.3) 可知 $\mu^{N_\sigma(\kappa_0, D)} \leqslant \mu^{\frac{D-\kappa_0}{T_{\min}}+1}$, 将其代入式 (5.30), 可得

$$\sum_{i+j=D} \|x(i,j)\|^2 \leqslant \frac{\lambda_2 \mu}{\lambda_1} \mu^{\frac{D-\kappa_0}{T_{\min}}} e^{T_+(\kappa_0, D) \ln \alpha_+ + T_-(\kappa_0, D) \ln \alpha_-} \sum_{i+j=\kappa_0} \|x(i,j)\|^2.$$

在切换律式 (5.28) 的情况下, 有

$$T_+(\kappa_0, D) \ln \alpha_+ + T_-(\kappa_0, D) \ln \alpha_- \leqslant (D - \kappa_0) \ln \alpha_*,$$

则

$$\sum_{i+j=D} \|x(i,j)\|^2 \leqslant \frac{\lambda_2 \mu}{\lambda_1} (\mu^{\frac{1}{T_{\min}}} \alpha_*)^{D-\kappa_0} \sum_{i+j=\kappa_0} \|x(i,j)\|^2.$$

记 $\eta = \frac{\lambda_2 \mu}{\lambda_1} > 0$, 且 $\rho = \mu^{\frac{1}{T_{\min}}} \alpha_*$. 如果最大最小驻留时间满足式 (5.27), 我们可以得到 $0 < \rho < 1$. 因此, 系统 (5.1) 是指数稳定的. 证毕.

注 5.5　现有一些关于通过使用平均驻留时间方法设计切换信号, 来镇定 2D 切换 FMLSS 模型的结果.[54, 119, 134] 注意到这些结果仅仅适用于那些由所有稳定子系统[54, 134]或所有不稳定子系统[119]构成的 2D 切换 FMLSS 模型, 并不适用于既有稳定子系统又有不稳定子系统的 2D 切换 FMLSS 模型. 通过利用最大最小驻留时间方法设计可容许的切换律, 定理 5.3 镇定了由不稳定子系统和稳定子系统共同构成的 2D 切换 FMLSS 模型.

5.3.2　H_∞ **性能分析**

类似于定理 5.2, 下面的定理 5.4 给出了一个由稳定子系统和不稳定子系统共同构成的 2D 切换系统指数稳定, 且有一个指定的 H_∞ 扰动衰减水平 γ 的充分条件.

定理 5.4

对于给定的常数 $\gamma > 0$, $0 < \alpha_- < \alpha_* < 1$, $\alpha_+ > 1$, $\mu > 0$, 以及任意两个连续的子系统 $k, l \in \mathcal{L}$ (σ 从 l 跳到 k), 且 $k \neq l$, 如果存在矩阵 $P_k > 0$, $Q_k > 0$, $P_l > 0$, $Q_l > 0$, 使得对每个稳定的子系统, 有

$$\begin{bmatrix} -\alpha_- P_k & * & * & * & * & * & * & * \\ 0 & -\alpha_- Q_k & * & * & * & * & * & * \\ 0 & 0 & -f_\mu I & * & * & * & * & * \\ 0 & 0 & 0 & -f_\mu I & * & * & * & * \\ P_k A_{1k} & P_k A_{2k} & P_k E_{1k} & P_k E_{2k} & -P_k & * & * & * \\ Q_k A_{1k} & Q_k A_{2k} & Q_k E_{1k} & Q_k E_{2k} & 0 & -Q_k & * & * \\ G_k & 0 & L_k & 0 & 0 & 0 & -I & * \\ 0 & G_k & 0 & L_k & 0 & 0 & 0 & -I \end{bmatrix} < 0,$$

$$(5.31)$$

对每个不稳定的子系统, 有

$$\begin{bmatrix} -\alpha_+ P_k & * & * & * & * & * & * & * \\ 0 & -\alpha_+ Q_k & * & * & * & * & * & * \\ 0 & 0 & -f_\mu I & * & * & * & * & * \\ 0 & 0 & 0 & -f_\mu I & * & * & * & * \\ P_k A_{1k} & P_k A_{2k} & P_k E_{1k} & P_k E_{2k} & -P_k & * & * & * \\ Q_k A_{1k} & Q_k A_{2k} & Q_k E_{1k} & Q_k E_{2k} & 0 & -Q_k & * & * \\ G_k & 0 & L_k & 0 & 0 & 0 & -I & * \\ 0 & G_k & 0 & L_k & 0 & 0 & 0 & -I \end{bmatrix} < 0,$$

$$(5.32)$$

且条件式 (5.5) 成立, 则当 $0 < \mu < 1$ 时, 在最大最小驻留时间满足式 (5.26) 的任意切换信号下, 有

$$f_\mu = \mu^2 \gamma^2 \frac{\mu^{1/T_{\min}}}{\mu^{1/T_{\max}}} \frac{1 - \mu^{1/T_{\max}} \alpha_+}{1 - \mu^{1/T_{\min}} \alpha_-}.$$

或当 $\mu \geqslant 1$ 时, 在最大最小驻留时间满足式 (5.27) 的切换律式 (5.28) 下, 有

$$f_\mu = \frac{\gamma^2}{\mu^2} \frac{\mu^{1/T_{\max}}}{\mu^{1/T_{\min}}} \frac{1 - \mu^{1/T_{\min}} \alpha_*}{1 - \mu^{1/T_{\max}} \alpha_-},$$

则 2D 离散切换系统 (5.1) 是指数稳定的, 且有一个指定的 H_∞ 扰动衰减水平 γ.

证明: 使用 Schur 补引理[136], 由条件 (5.31) 和条件 (5.32) 可以得到条件 (5.24) 和条件 (5.25) 成立. 根据定理 5.3, 当 $w(i,j) = 0$ 时, 2D 切换系统 (5.1) 是指数稳定的.

现在, 我们将证明对任意非零的 $w(i,j) \in l_2\{[0,\infty),[0,\infty)\}$, 系统 (5.1) 有一个指定的 H_∞ 性能 γ. 一方面, 沿着定理 5.3 的证明, 由式 (5.31) 和式 (5.32) 可得

$$
V_k(i+1,j+1) < \begin{cases} \alpha_-[V_k^1(i,j+1) + V_k^2(i+1,j)] - \Gamma(i,j), & k \in \mathcal{L}^-, \\ \alpha_+[V_k^1(i,j+1) + V_k^2(i+1,j)] - \Gamma(i,j), & k \in \mathcal{L}^+, \end{cases} \quad (5.33)
$$

其中

$$
\begin{aligned}
\Gamma(i,j) &= \overline{z}^{\mathrm{T}}\overline{z} - f_\mu \overline{w}^{\mathrm{T}}\overline{w}, \\
\overline{z} &= [z^{\mathrm{T}}(i,j+1)\ z^{\mathrm{T}}(i+1,j)]^{\mathrm{T}}, \\
\overline{w} &= [w^{\mathrm{T}}(i,j+1)\ w^{\mathrm{T}}(i+1,j)]^{\mathrm{T}}.
\end{aligned}
$$

将式 (5.33) 的两边分别关于 i 从 0 到 $D-2$, j 从 $D-2$ 到 0 相加, 可得

$$
\begin{aligned}
&\sum_{i+j=D} V_{\sigma(\kappa)}(i,j) \\
&< \begin{cases} \alpha_-^{D-\kappa_l} \displaystyle\sum_{i+j=\kappa_l} V_{\sigma(\kappa)}(i,j) - \sum_{s=\kappa_l-1}^{D-2} \sum_{i+j=s} \alpha_-^{D-s-2}\Gamma(i,j), & k \in \mathcal{L}^-, \\ \alpha_+^{D-\kappa_l} \displaystyle\sum_{i+j=\kappa_l} V_{\sigma(\kappa)}(i,j) - \sum_{s=\kappa_l-1}^{D-2} \sum_{i+j=s} \alpha_+^{D-s-2}\Gamma(i,j), & k \in \mathcal{L}^+. \end{cases}
\end{aligned}
$$

另一方面, 条件 (5.5) 成立, 则对任意连续的 $k,l \in \mathcal{L}$, 类似于式 (5.19) 的过程, 我们可以得到

$$
\begin{aligned}
\sum_{i+j=D} V_{\sigma(\kappa)}(i,j) <{}& \mu^{N_\sigma(1,D)} \alpha_+^{T_+(1,D)} \alpha_-^{T_-(1,D)} \sum_{i+j=1} V_{\sigma(1)}(i,j) \\
&- \sum_{s=0}^{D-2} \sum_{i+j=s} \mu^{N_\sigma(s+1,D)} \alpha_+^{T_+(s,D-2)} \alpha_-^{T_-(s,D-2)} \Gamma(i,j).
\end{aligned}
$$

由于在零边界条件下, $\displaystyle\sum_{i+j=1} V_{\sigma(1)}(i,j) = 0$, 则

$$
\sum_{s=0}^{D-2} \sum_{i+j=s} \mu^{N_\sigma(s+1,D)} \alpha_+^{T_+(s,D-2)} \alpha_-^{T_-(s,D-2)} \Gamma(i,j) < 0.
$$

因此

$$
\sum_{s=0}^{D-2} \sum_{i+j=s} \mu^{N_\sigma(s+1,D)} \alpha_+^{T_+(s,D-2)} \alpha_-^{T_-(s,D-2)} \overline{z}^{\mathrm{T}}\overline{z}
$$

$$< f_\mu \sum_{s=0}^{D-2} \sum_{i+j=s} \mu^{N_\sigma(s+1,D)} \alpha_+^{T_+(s,D-2)} \alpha_-^{T_-(s,D-2)} \overline{w}^{\mathrm{T}} \overline{w}. \tag{5.34}$$

现在, 我们将分两种情况 $0 < \mu < 1$ 和 $\mu \geqslant 1$ 来证明.

情形 1 当 $0 < \mu < 1$ 时, 由式 (5.3) 可知 $\mu^{\frac{D-s-1}{T_{\min}}+1} \leqslant \mu^{N_\sigma(s+1,D)} \leqslant \mu^{\frac{D-s-1}{T_{\max}}-1}$, 则根据式 (5.34) 可得

$$\sum_{s=0}^{D-2} \sum_{i+j=s} \mu^{\frac{D-s-1}{T_{\min}}+1} \alpha_-^{T_-(s,D-2)} \overline{z}^{\mathrm{T}} \overline{z} < f_\mu \sum_{s=0}^{D-2} \sum_{i+j=s} \mu^{\frac{D-s-1}{T_{\max}}-1} \alpha_+^{T_+(s,D-2)} \overline{w}^{\mathrm{T}} \overline{w}$$

$$\Rightarrow \sum_{s=0}^{D-2} \sum_{i+j=s} \left(\mu^{\frac{1}{T_{\min}}} \alpha_- \right)^{D-s-2} \overline{z}^{\mathrm{T}} \overline{z}$$

$$< \frac{1}{\mu^2} \frac{\mu^{1/T_{\max}}}{\mu^{1/T_{\min}}} f_\mu \sum_{s=0}^{D-2} \sum_{i+j=s} \left(\mu^{\frac{1}{T_{\max}}} \alpha_+ \right)^{D-s-2} \overline{w}^{\mathrm{T}} \overline{w}$$

$$\Rightarrow \sum_{D=2}^{\infty} \sum_{s=0}^{D-2} \sum_{i+j=s} \left(\mu^{\frac{1}{T_{\min}}} \alpha_- \right)^{D-s-2} \overline{z}^{\mathrm{T}} \overline{z}$$

$$< \frac{1}{\mu^2} \frac{\mu^{1/T_{\max}}}{\mu^{1/T_{\min}}} f_\mu \sum_{D=2}^{\infty} \sum_{s=0}^{D-2} \sum_{i+j=s} \left(\mu^{\frac{1}{T_{\max}}} \alpha_+ \right)^{D-s-2} \overline{w}^{\mathrm{T}} \overline{w}$$

$$\Rightarrow \sum_{s=0}^{\infty} \sum_{i+j=s} \overline{z}^{\mathrm{T}} \overline{z} \sum_{D=s+2}^{\infty} \left(\mu^{\frac{1}{T_{\min}}} \alpha_- \right)^{D-s-2}$$

$$< \frac{1}{\mu^2} \frac{\mu^{1/T_{\max}}}{\mu^{1/T_{\min}}} f_\mu \sum_{s=0}^{\infty} \sum_{i+j=s} \overline{w}^{\mathrm{T}} \overline{w} \sum_{D=s+2}^{\infty} \left(\mu^{\frac{1}{T_{\max}}} \alpha_+ \right)^{D-s-2}.$$

又由于 $0 < \mu^{\frac{1}{T_{\min}}} \alpha_- < 1$, 则由式 (5.26) 可知 $0 < \mu^{\frac{1}{T_{\max}}} \alpha_+ < 1$, 因此

$$\sum_{s=0}^{\infty} \sum_{i+j=s} \overline{z}^{\mathrm{T}} \overline{z} < \frac{1}{\mu^2} \frac{\mu^{1/T_{\max}}}{\mu^{1/T_{\min}}} \frac{1-\mu^{1/T_{\min}}\alpha_-}{1-\mu^{1/T_{\max}}\alpha_+} f_\mu \sum_{s=0}^{\infty} \sum_{i+j=s} \overline{w}^{\mathrm{T}} \overline{w}$$

$$\Rightarrow \sum_{i=0}^{\infty} \sum_{j=0}^{\infty} \overline{z}^{\mathrm{T}} \overline{z} < \frac{1}{\mu^2} \frac{\mu^{1/T_{\max}}}{\mu^{1/T_{\min}}} \frac{1-\mu^{1/T_{\min}}\alpha_-}{1-\mu^{1/T_{\max}}\alpha_+} f_\mu \sum_{i=0}^{\infty} \sum_{j=0}^{\infty} \overline{w}^{\mathrm{T}} \overline{w}.$$

将 $f_\mu = \mu^2 \gamma^2 \frac{\mu^{1/T_{\min}}}{\mu^{1/T_{\max}}} \frac{1-\mu^{1/T_{\max}}\alpha_+}{1-\mu^{1/T_{\min}}\alpha_-}$ 代入上式, 可得

$$\sum_{i=0}^{\infty} \sum_{j=0}^{\infty} \overline{z}^{\mathrm{T}} \overline{z} < \gamma^2 \sum_{i=0}^{\infty} \sum_{j=0}^{\infty} \overline{w}^{\mathrm{T}} \overline{w}. \tag{5.35}$$

情形 2 当 $\mu \geqslant 1$ 时, 由式 (5.3) 可知 $\mu^{\frac{D-s-1}{T_{\max}}-1} \leqslant \mu^{N_\sigma(s+1,D)} \leqslant \mu^{\frac{D-s-1}{T_{\min}}+1}$,

则根据式 (5.34) 可得

$$
\sum_{s=0}^{D-2} \sum_{i+j=s} \mu^{\frac{D-s-1}{T_{\max}}-1} \alpha_-^{T_-(s,D-2)} \overline{z}^{\mathrm{T}} \overline{z}
$$

$$
< f_\mu \sum_{s=0}^{D-2} \sum_{i+j=s} \mu^{\frac{D-s-1}{T_{\min}}+1} \alpha_+^{T_+(s,D-2)} \alpha_-^{T_-(s,D-2)} \overline{w}^{\mathrm{T}} \overline{w}
$$

$$
\Rightarrow \sum_{s=0}^{D-2} \sum_{i+j=s} \left(\mu^{\frac{1}{T_{\max}}} \alpha_-\right)^{D-s-2} \overline{z}^{\mathrm{T}} \overline{z}
$$

$$
< \mu^2 \frac{\mu^{1/T_{\min}}}{\mu^{1/T_{\max}}} f_\mu \sum_{s=0}^{D-2} \sum_{i+j=s} \mu^{\frac{D-s-2}{T_{\min}}} e^{T_+(s,D-2)\ln\alpha_+ + T_-(s,D-2)\ln\alpha_-} \overline{w}^{\mathrm{T}} \overline{w}.
$$

所以根据切换律式 (5.28), 可以得到

$$
\sum_{s=0}^{D-2} \sum_{i+j=s} \left(\mu^{\frac{1}{T_{\max}}} \alpha_-\right)^{D-s-2} \overline{z}^{\mathrm{T}} \overline{z} < \mu^2 \frac{\mu^{1/T_{\min}}}{\mu^{1/T_{\max}}} f_\mu \sum_{s=0}^{D-2} \sum_{i+j=s} \mu^{\frac{D-s-2}{T_{\min}}} e^{(D-s-2)\ln\alpha_*} \overline{w}^{\mathrm{T}} \overline{w}
$$

$$
\Rightarrow \sum_{s=0}^{D-2} \sum_{i+j=s} \left(\mu^{\frac{1}{T_{\max}}} \alpha_-\right)^{D-s-2} \overline{z}^{\mathrm{T}} \overline{z}
$$

$$
< \mu^2 \frac{\mu^{1/T_{\min}}}{\mu^{1/T_{\max}}} f_\mu \sum_{s=0}^{D-2} \sum_{i+j=s} \left(\mu^{\frac{1}{T_{\min}}} \alpha_*\right)^{D-s-2} \overline{w}^{\mathrm{T}} \overline{w}
$$

$$
\Rightarrow \sum_{s=0}^{\infty} \sum_{i+j=s} \overline{z}^{\mathrm{T}} \overline{z} \sum_{D=s+2}^{\infty} \left(\mu^{\frac{1}{T_{\max}}} \alpha_-\right)^{D-s-2}
$$

$$
< \mu^2 \frac{\mu^{1/T_{\min}}}{\mu^{1/T_{\max}}} f_\mu \sum_{s=0}^{\infty} \sum_{i+j=s} \overline{w}^{\mathrm{T}} \overline{w} \sum_{D=s+2}^{\infty} \left(\mu^{\frac{1}{T_{\min}}} \alpha_*\right)^{D-s-2}.
$$

根据式 (5.27), 可以得到

$$
0 < \mu^{\frac{1}{T_{\max}}} \alpha_- < \mu^{\frac{1}{T_{\max}}} \alpha_* < \mu^{\frac{1}{T_{\min}}} \alpha_* < \mu^{-\frac{\ln\alpha_*}{\ln\mu}} \alpha_* = 1,
$$

则

$$
\sum_{s=0}^{\infty} \sum_{i+j=s} \overline{z}^{\mathrm{T}} \overline{z} < \mu^2 \frac{\mu^{1/T_{\min}}}{\mu^{1/T_{\max}}} \frac{1-\mu^{1/T_{\max}}\alpha_-}{1-\mu^{1/T_{\min}}\alpha_*} f_\mu \sum_{s=0}^{\infty} \sum_{i+j=s} \overline{w}^{\mathrm{T}} \overline{w}.
$$

将 $f_\mu = \dfrac{\gamma^2}{\mu^2} \dfrac{\mu^{1/T_{\max}}}{\mu^{1/T_{\min}}} \dfrac{1-\mu^{1/T_{\min}}\alpha_*}{1-\mu^{1/T_{\max}}\alpha_-}$ 代入上式, 很容易得到不等式 (5.35).

综上所述, 根据定义 5.2, 可以得到系统 (5.1) 是渐近稳定的, 且有一个指定的 H_∞ 扰动衰减水平 γ. 证毕.

5.4　数值算例

在本节中, 我们将给出数值算例来说明前两节所提结果的有效性. 所有的仿真都是通过 LMI 控制工具箱进行的.

例 5.1　当 $w(i,j) = 0$ 时, 考虑 2D 切换系统 (5.1), 也就是如下 2D 切换系统:

$$x(i+1,j+1) = A_{1\sigma(i,j+1)}x(i,j+1) + A_{2\sigma(i+1,j)}x(i+1,j). \tag{5.36}$$

稳定子系统的系数矩阵分别为

$$A_{11} = \begin{bmatrix} 0.4 & 0 \\ 0.2 & 0.1 \end{bmatrix}, \quad A_{21} = \begin{bmatrix} 0.1 & 0 \\ 0.3 & 0.2 \end{bmatrix};$$

$$A_{12} = \begin{bmatrix} 0.4 & 0.2 \\ 0.1 & 0.4 \end{bmatrix}, \quad A_{22} = \begin{bmatrix} 0 & 0.2 \\ 0.4 & 0.1 \end{bmatrix}.$$

我们假设边界条件满足

$$x(i,0) = x(0,i) = \begin{cases} [-0.1(20-i) & -0.1(10-i)]^{\mathrm{T}}, & 0 \leqslant i \leqslant 20, \\ [0 \ \ 0]^{\mathrm{T}}, & i > 20. \end{cases}$$

在这个边界条件下, 我们考虑最大驻留时间为 $T_{\max} = 20$ 和最小驻留时间为 $T_{\min} = 5$ 的受限切换信号 $\sigma(i,j)$, 如图 5.1 所示. 选取 $\alpha = 0.95$, $\mu = 0.9$. 当子系统 k ($k=1,2$) 第 n 次激活时, Lyapunov 函数所对应的实对称正定矩阵由 $P_k(n)$ 和 $Q_k(n)$ 表示. 如图 5.1 所示, 在切换时刻 κ_{2n-1} ($n = 1,2,\cdots$), 系统 (5.36) 从子系统 1 切换到子系统 2; 在切换时刻 κ_{2n} ($n = 1,2,\cdots$), 系统 (5.36) 从子系统 2 切换到子系统 1. 在这种情况下, 条件 (5.5) 变为

$$P_2(n) < 0.9P_1(n), \quad Q_2(n) < 0.9Q_1(n),$$

$$P_1(n+1) < 0.9P_2(n), \quad Q_1(n+1) < 0.9Q_2(n) \quad (n = 1,2,\cdots).$$

通过使用 MATLAB 求解定理 5.1 中的 LMIs 条件, 我们可以得到以下可行解:

$$P_1(1) = \begin{bmatrix} 3.7370 & -0.1640 \\ -0.1640 & 3.3548 \end{bmatrix}, \quad Q_1(1) = \begin{bmatrix} 3.5678 & -0.1546 \\ -0.1546 & 3.3302 \end{bmatrix},$$

$$P_2(1) = \begin{bmatrix} 2.5883 & -0.0858 \\ -0.0858 & 2.3929 \end{bmatrix}, \quad Q_2(1) = \begin{bmatrix} 2.5092 & -0.1370 \\ -0.1370 & 2.2856 \end{bmatrix},$$

$$P_1(2) = \begin{bmatrix} 1.9590 & -0.0581 \\ -0.0581 & 1.8451 \end{bmatrix}, \quad Q_1(2) = \begin{bmatrix} 1.9155 & -0.0864 \\ -0.0864 & 1.7861 \end{bmatrix},$$

$$P_2(2) = \begin{bmatrix} 1.4944 & -0.0345 \\ -0.0345 & 1.4315 \end{bmatrix}, \quad Q_2(2) = \begin{bmatrix} 1.4711 & -0.0496 \\ -0.0496 & 1.3999 \end{bmatrix},$$

$$P_1(3) = \begin{bmatrix} 1.0574 & -0.0182 \\ -0.0182 & 1.0252 \end{bmatrix}, \quad Q_1(3) = \begin{bmatrix} 1.0457 & -0.0259 \\ -0.0259 & 1.0093 \end{bmatrix},$$

$$P_2(3) = \begin{bmatrix} 0.4758 & -0.0082 \\ -0.0082 & 0.4613 \end{bmatrix}, \quad Q_2(3) = \begin{bmatrix} 0.4706 & -0.0116 \\ -0.0116 & 0.4542 \end{bmatrix},$$

$\cdots,$

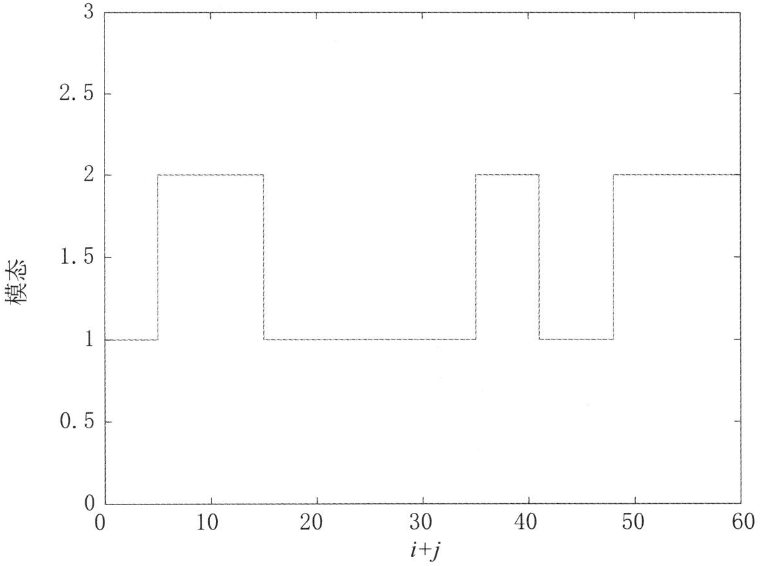

图 5.1   切换信号 $\sigma(i,j)$

使得

$$P_2(n) < 0.9 P_1(n), \quad Q_2(n) < 0.9 Q_1(n),$$

$$P_1(n+1) < 0.9 P_2(n), \quad Q_1(n+1) < 0.9 Q_2(n) \quad (n = 1, 2, \cdots),$$

以及条件 (5.4) 成立. 2D 切换系统相对应的状态响应如图 5.2 和图 5.3 所示. 由图中可以看出, 2D 切换系统 (5.36) 是指数稳定的.

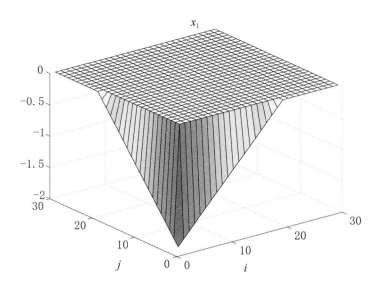

图 5.2 切换系统 (5.36) 的状态 x_1

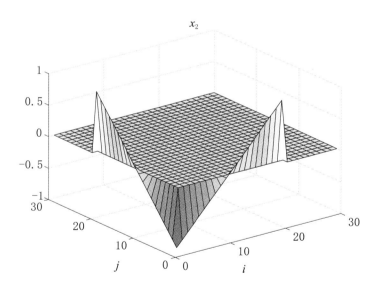

图 5.3 切换系统 (5.36) 的状态 x_2

例 5.2 考虑由下列稳定子系统所构成的 2D 切换系统 (5.1).
子系统 1 的参数为

$$A_{11} = \left[\begin{array}{cc} 0.4 & 0.2 \\ 0.1 & 0.3 \end{array}\right], \quad A_{21} = \left[\begin{array}{cc} 0 & 0.2 \\ 0.4 & 0.1 \end{array}\right],$$

$$E_{11} = \begin{bmatrix} 0.1 \\ 0.04 \end{bmatrix}, \quad E_{21} = \begin{bmatrix} 0.1 \\ 0.01 \end{bmatrix},$$

$$G_1 = [0.1 \ \ 0.1], \quad L_1 = 0.1.$$

子系统 2 的参数为

$$A_{12} = \begin{bmatrix} 0.3 & 0 \\ 0.2 & 0.1 \end{bmatrix}, \quad A_{22} = \begin{bmatrix} 0.1 & 0 \\ 0.2 & 0.2 \end{bmatrix},$$

$$E_{12} = \begin{bmatrix} 0.1 \\ 0.01 \end{bmatrix}, \quad E_{22} = \begin{bmatrix} 0.1 \\ -0.1 \end{bmatrix},$$

$$G_2 = [0.1 \ \ 0.1], \quad L_2 = 0.1.$$

我们的目的是找到一个可容许的切换信号, 使得 2D 切换系统 (5.1) 是指数稳定的, 且有一个指定的非加权的 H_∞ 性能指标. 给定 $\alpha = 0.8$, $\mu = 1.12$, $\gamma = 2$. 选取满足 $T_{\max} = 20$ 和 $T_{\min} = 2$ 的切换信号 $\sigma(i,j)$, 如图 5.4 所示, 则 $f_\mu = 2.4484$, $T_{\min} > -\dfrac{\ln \mu}{\ln \alpha} = 1.9690$. 根据定理 5.2, 存在

$$P_1 = \begin{bmatrix} 1.8302 & -0.0618 \\ -0.0618 & 1.6823 \end{bmatrix}, \quad Q_1 = \begin{bmatrix} 1.7602 & -0.1117 \\ -0.1117 & 1.6363 \end{bmatrix},$$

$$P_2 = \begin{bmatrix} 1.8325 & -0.0673 \\ -0.0673 & 1.6707 \end{bmatrix}, \quad Q_2 = \begin{bmatrix} 1.7514 & -0.0988 \\ -0.0988 & 1.6464 \end{bmatrix},$$

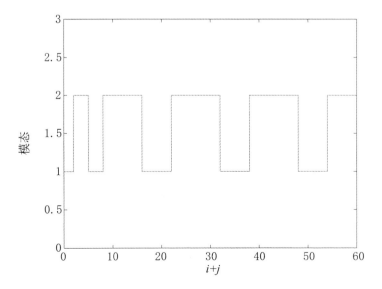

图 5.4 切换信号 $\sigma(i,j)$

使得 $P_2 < 1.12P_1$, $Q_2 < 1.12Q_1$, $P_1 < 1.12P_2$, $Q_1 < 1.12Q_2$ 和式 (5.16) 成立.

仿真结果如图 5.5 和图 5.6 所示, 其中系统的边界条件为

$$x(i,0) = x(0,i) = \begin{cases} \left[-\dfrac{1}{i+1} \quad \dfrac{1}{i+1} \right]^{\mathrm{T}}, & 0 \leqslant i \leqslant 15, \\ [0 \quad 0]^{\mathrm{T}}, & i > 15. \end{cases}$$

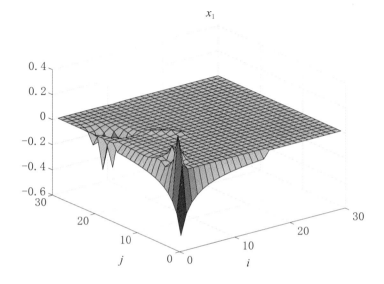

图 5.5　切换系统 (5.1) 的状态 x_1

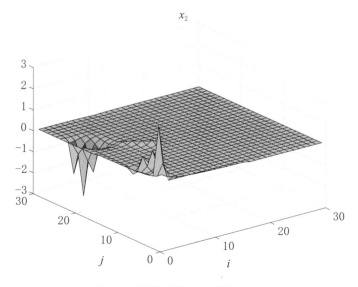

图 5.6　切换系统 (5.1) 的状态 x_2

扰动输入为

$$w(i,j) = \cos[0.1\pi(i,j)]\exp[-0.3(i+j)].$$

从图中可以看出, 系统是指数稳定的. 进一步地, 当边界条件为 0 时, 通过计算可以得到

$$\sum_{i=0}^{\infty}\sum_{j=0}^{\infty}\|\overline{z}\|^2 = 0.0057, \quad \sum_{i=0}^{\infty}\sum_{j=0}^{\infty}\|\overline{w}\|^2 = 0.4948,$$

满足定义 5.3. 因此, 系统有一个非加权的 H_∞ 扰动衰减水平 $\gamma = 2$.

例 5.3　考虑由下列稳定子系统和不稳定子系统构成的 2D 切换系统 (5.1).

子系统 1 (不稳定的) 的参数为

$$A_{11} = \begin{bmatrix} 1.08 & 0 \\ 0 & 0.1 \end{bmatrix}, \quad A_{21} = \begin{bmatrix} 0 & 0.1 \\ 0 & 0 \end{bmatrix},$$

$$E_{11} = \begin{bmatrix} 0.01 \\ 0.1 \end{bmatrix}, \quad E_{21} = \begin{bmatrix} 0 \\ 0.03 \end{bmatrix}, \quad G_1 = [2 \; 0.2], \quad L_1 = 1.2.$$

子系统 2 (稳定的) 的参数为

$$A_{12} = \begin{bmatrix} 0.1 & 0.1 \\ 0.1 & 0.1 \end{bmatrix}, \quad A_{22} = \begin{bmatrix} 0 & 0.1 \\ 0 & 0.1 \end{bmatrix},$$

$$E_{12} = \begin{bmatrix} 0.1 \\ 0.1 \end{bmatrix}, \quad E_{22} = \begin{bmatrix} 0.1 \\ 0.1 \end{bmatrix}, \quad G_2 = [0.5 \; 0.5], \quad L_2 = 1.1.$$

我们的目的是找到一个最大最小驻留时间约束的可容许切换信号, 使得 2D 系统 (5.1) 是指数稳定的, 且有一个指定的非加权 H_∞ 性能指标. 选取 $\mu = 1.12$, $\alpha_- = 0.5$, $\alpha_+ = 1.4$, $\alpha_* = 0.7$, $\gamma = 4$. 借助于式 (5.27), 我们可以得到 $T_{\min} > 0.3177$. 我们选取满足 $T_{\max} = 20$ 和 $T_{\min} = 1$ 的切换信号 (图 5.7), 则 $f_\mu = 4.9761$. 根据定理 5.4, 通过求解式 (5.31) 和式 (5.32), 我们可以求得

$$P_1 = \begin{bmatrix} 76.8261 & -9.6786 \\ -9.6786 & 42.9052 \end{bmatrix}, \quad Q_1 = \begin{bmatrix} 6.6058 & -5.3487 \\ -5.3487 & 43.5748 \end{bmatrix},$$

$$P_2 = \begin{bmatrix} 73.5712 & -12.2061 \\ -12.2061 & 43.1807 \end{bmatrix}, \quad Q_2 = \begin{bmatrix} 6.7773 & -5.4412 \\ -5.4412 & 42.2157 \end{bmatrix}.$$

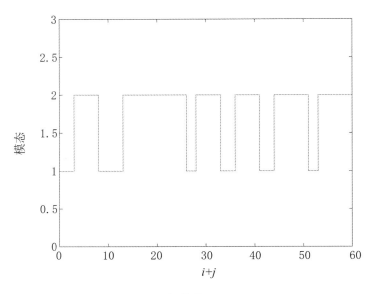

图 5.7 切换信号 $\sigma(i,j)$

仿真结果如图 5.8 和图 5.9 所示, 其中系统的边界条件为

$$x(i,0) = x(0,i) = \begin{cases} \left[\dfrac{1}{i+1} \quad \dfrac{1}{i+1}\right]^{\mathrm{T}}, & 0 \leqslant i \leqslant 15, \\ [0 \ 0]^{\mathrm{T}}, & i > 15. \end{cases}$$

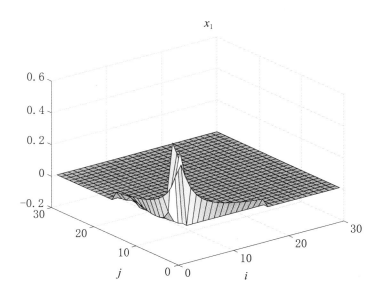

图 5.8 切换系统 (5.1) 的状态 x_1

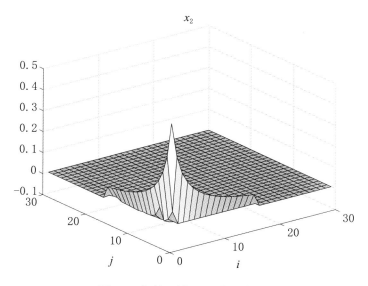

图 5.9　切换系统 (5.1) 的状态 x_2

扰动输入为

$$w(i,j) = \cos[0.1\pi(i,j)] \exp[-0.3(i+j)].$$

从图 5.8 和图 5.9 中可以看出, 系统是指数稳定的. 当边界条件为 0 时, 通过计算可得

$$\sum_{i=0}^{\infty}\sum_{j=0}^{\infty}\|\overline{z}\|^2 = 7.5033, \quad \sum_{i=0}^{\infty}\sum_{j=0}^{\infty}\|\overline{w}\|^2 = 0.4948,$$

满足定义 5.3. 因此, 系统有一个非加权的 H_∞ 扰动衰减水平 $\gamma = 4$.

小　　结

本章使用最大最小驻留时间的方法, 研究了 2D 切换 FMLSS 系统的非加权 H_∞ 性能问题. 特别地, 通过使用最大最小驻留时间和切换次数之间的关系, 以及切换二次型 Lyapunov 泛函的方法, 我们给出了能够保证由稳定子系统构成的切换系统的稳定性, 以及非加权的 H_∞ 性能的充分条件. 对既有稳定子系统又有不稳定子系统的 2D 切换系统进行了类似的讨论, 同样给出了使此类系统指数稳定, 且有非加权的 H_∞ 扰动衰减性能的一个充分条件. 从物理的角度来看, 本章所得到的性能指标优于现有的加权结果.

第 6 章　2D 切换系统的事件触发控制

第 5 章研究了 2D 离散切换系统的非事件触发 H_∞ 性能问题, 本章将研究 2D 离散切换系统事件触发的异步 H_∞ 性能问题. 首先, 通过构造多 Lyapunov 函数并使用平均驻留时间切换方法, 给出在异步切换情况下 2D 切换系统事件触发稳定的充分条件; 然后, 在此基础上, 利用 LMIs 给出相应状态反馈控制器在事件触发条件下可解的充分条件; 最后, 使用类似的方法讨论 2D 切换系统事件触发的异步的 H_∞ 控制问题.

6.1　问 题 描 述

考虑如下由 FMLSS 模型所描述的 2D 离散切换线性系统:

$$
\begin{aligned}
x(i+1, j+1) &= A_{1\sigma(i,j+1)}x(i, j+1) + A_{2\sigma(i+1,j)}x(i+1, j) \\
&\quad + B_{1\sigma(i,j+1)}u(i, j+1) + B_{2\sigma(i+1,j)}u(i+1, j) \\
&\quad + G_{1\sigma(i,j+1)}w(i, j+1) + G_{2\sigma(i+1,j)}w(i+1, j), \quad (6.1a)
\end{aligned}
$$
$$
z(i, j) = C_{\sigma(i,j)}x(i, j) + L_{\sigma(i,j)}u(i, j) + E_{\sigma(i,j)}w(i, j), \quad (6.1b)
$$

其中, $x(i, j) \in \mathbb{R}^n$ 是状态向量; $w(i, j)$ 是外部扰动输入; $u(i, j) \in \mathbb{R}^m$ 是输入向量; $z(i, j) \in \mathbb{R}^p$ 是控制输出. $(i, j) \in \mathbb{N}^+ \times \mathbb{N}^+$, $\sigma(i, j) \to \mathcal{L} = \{1, 2, \cdots, M\}$ 是切换信号, 其中 M 为子系统的个数. 切换信号是一个关于时间的分段常函数. $A_{1k}, A_{2k}, B_{1k}, B_{2k}, G_{1k}, G_{2k}, C_k, L_k, E_k$ 是适维的常实矩阵, 其中 $k \in \mathcal{L}$.

假设系统 (6.1) 的边界条件为

$$
\begin{aligned}
&x(i, 0) = b_i \quad (\forall\, 0 \leqslant i \leqslant a_1), \quad x(i, 0) = 0 \quad (\forall\, i > a_1), \\
&x(0, j) = c_j \quad (\forall\, 0 \leqslant j \leqslant a_2), \quad x(0, j) = 0 \quad (\forall\, j > a_2), \\
&b_0 = c_0, \quad i = j = 0, \quad\quad\quad\quad\quad\quad\quad\quad\quad\quad\quad\quad (6.2)
\end{aligned}
$$

其中, b_i 和 c_j 是给定的向量; a_1 和 a_2 是给定的正整数.

当 $m + n = i + j = \kappa$ 时, 假设切换信号 $\sigma(i,j) = \sigma(m,n) = \sigma(\kappa)$. 令 $i_l + j_l = \kappa_l (l = 0, 1, 2, \cdots)$ 表示第 l 次切换时刻. 切换时间序列 $\sigma(\kappa)$ 可以表示为 $(\kappa_0, \kappa_1, \cdots, \kappa_l, \kappa_{l+1}, \cdots)$. 当 $\sigma(\kappa_l) = k \in \mathcal{L}$ 时, 第 k 个子系统在区间 $[\kappa_l, \kappa_{l+1})$ 上激活.

下面介绍本章将用到的一些定义.

定义 6.1[53]

对任意给定的 $N_0 \geqslant 0$, $T \geqslant \kappa_0$, 假设 $N_\sigma(\kappa_0, T)$ 表示在区间 $[\kappa_0, T)$ 上的切换次数, 若有如下不等式成立:

$$N_\sigma(\kappa_0, T) \leqslant N_0 + \frac{T - \kappa_0}{\tau_{\mathrm{d}}}, \tag{6.3}$$

则称 τ_{d} 为切换信号 $\sigma(\cdot, \cdot)$ 的平均驻留时间, N_0 为抖动的界. 为了简单起见, 我们假设 $N_0 = 0$.

定义 6.2[134]

对任意的 $T \geqslant \kappa_0$, $\kappa_0 > 0$, 如果存在常数 $0 < \rho < 1$ 和 $\eta > 0$, 使得状态响应满足

$$\sum_{i+j=T} \|x(i,j)\|^2 \leqslant \eta \rho^{T - \kappa_0} \sum_{i+j=\kappa_0} \|x(i,j)\|_r^2,$$

则当 $w(i,j) = 0$ 时, 称系统 (6.1) 在切换信号 $\sigma(\cdot, \cdot)$ 下是指数稳定的, 其中

$$\|x(i,j)\|_r = \sup\{\|x(i,j)\| : i + j = r, i \leqslant a_1, j \leqslant a_2\}.$$

定义 6.3[118]

对给定的常数 $0 < \lambda < 1$, 在切换信号 $\sigma(\cdot, \cdot)$ 下, 如果系统 (6.1) 满足以下两个条件, 则称系统 (6.1) 有一个加权的 H_∞ 性能指标 γ:

(1) 当 $w(i,j) = 0$ 时, 系统 (6.1) 是稳定的;

(2) 在零边界条件下, 对任意的 $0 \neq w \in l_2\{[0, \infty), [0, \infty)\}$, 控制输入满足

$$\sum_{i=0}^{\infty} \sum_{j=0}^{\infty} (\lambda^{i+j} \|\bar{z}\|_2^2) < \gamma^2 \sum_{i=0}^{\infty} \sum_{j=0}^{\infty} \|\bar{w}\|_2^2,$$

其中

$$\|\overline{z}\|_2^2 = \|z(i+1,j)\|_2^2 + \|z(i,j+1)\|_2^2,$$
$$\|\overline{w}\|_2^2 = \|w(i+1,j)\|_2^2 + \|w(i,j+1)\|_2^2.$$

鉴于事件触发机制的优势, 本章将研究 2D 切换 FMLSS 模型的事件触发 H_∞ 控制问题. 什么是事件触发机制? 该机制是指在预先设定的事件触发机制下产生的外部事件出现之前, 新的控制任务将得不到执行. 假设最新传送的状态记为 $x(i_p, j_p)$, 当前状态记为 $x(i,j)$. 记事件触发序列为 $(i_0, j_0) < (i_1, j_1) < (i_2, j_2) < \cdots < (i_p, j_p) < \cdots$, 其中 (i_p, j_p) $(p = 1, 2, \cdots)$ 表示第 p 次传输时刻. 2D 有序序列 $(i_1, j_1) < (i_2, j_2)$ 表示 $i_1 + j_1 < i_2 + j_2$, 或当 $i_1 + j_1 = i_2 + j_2$ 时, $j_1 < j_2$, 且 $(i_1, j_1) = (i_2, j_2)$ 表示 $i_1 = i_2$ 和 $j_1 = j_2$. 这个定义是合理的, 更多的解释请参阅文献 [140].

为了确定当前状态 $x(i,j)$ 是否转移到相应的控制器, 我们引入以下条件:

$$e^{\mathrm{T}}(i,j)\Omega_k e(i,j) > \delta_k x^{\mathrm{T}}(i,j)\Omega_k x(i,j), \tag{6.4}$$

其中, $e(i,j)$ 表示最新状态和当前状态的误差, 即 $e(i,j) = x(i_p, j_p) - x(i,j)$; Ω_k 是一个正的加权矩阵; $\delta_k \in [0,1)$ 是一个给定的事件触发阈值.

注 6.1 显然, 由条件 (6.4) 确定的状态的数据传输量受事件触发参数 δ_k 的影响. 当 $\delta_k = 0$ 时, 事件触发机制退化为时间触发机制. 参数 δ_k 越大, 可能发生的传输越少, 并且系统可能无法实现令人满意的性能. 因此, 选择适当的事件触发参数 δ_k 非常重要. 此外还需要注意的是, 在满足条件 (6.4) 之前, 不会更新传输状态. 第 $p+1$ 个传输时刻 (i_{p+1}, j_{p+1}) 可以定义为 $\min\{(i,j)|(i,j) > (i_p, j_p), (6.4)\}$. 这意味着, 满足条件 (6.4) 的第一个时刻被选择为第 $p+1$ 个传输时刻.

注 6.2 当且仅当满足条件 (6.4) 时, 控制器才被触发. 显然, 所有的传输状态 $x(i_p, j_p)$ 只是所有状态 $x(i,j)$ 的一部分. 在相邻采样时刻区间内, 状态不会传输, 即

$$e^{\mathrm{T}}(i,j)\Omega_k e(i,j) \leqslant \delta_k x^{\mathrm{T}}(i,j)\Omega_k x(i,j). \tag{6.5}$$

在本书中, 假设切换发生在每个采样时刻. 通常, 假设系统状态的采样和控制输入的更新是同步的. 事实上, 当切换发生时, 控制器中总是存在延迟. 在本章中, 我们将主要研究异步切换下的 H_∞ 控制问题. 接下来, 我们介绍模态依赖的状态反馈控制器:

$$u(i,j) = K_{\sigma(\kappa - d(\kappa_l))} x(i,j), \tag{6.6}$$

其中, $d(\kappa_l)$ 表示在区间 $[\kappa_l, \kappa_{l+1})(l \in \mathbb{N}^+)$ 上的切换滞后. 假设最大切换滞后 $d = \max d(\kappa_l)$, 其中 $l \in \mathbb{N}^+, d < \tau_{\mathrm{d}} \leqslant \kappa_{l+1} - \kappa_l$. 假设 d 是先验已知的. 通过利用事件触发机制, 响应 $x(i, j)$ 被采样并传输到控制器, 然后根据系统 (6.1) 的事件触发机制, 构造以下状态反馈控制器:

$$u(i, j) = K_{\sigma(\kappa - d(\kappa_l))} x(i_p, j_p). \tag{6.7}$$

当 $\kappa \in [\kappa_l, \kappa_{l+1})$ $(l \in \mathbb{N}^+)$ 时, 由系统 (6.1) 和事件触发反馈控制器 (6.7) 可得

$$
\begin{aligned}
x(i+1, j+1) = {} & (A_{1\sigma(\kappa)} + B_{1\sigma(\kappa)} K_{\sigma(\kappa - d(\kappa_l))}) x(i, j+1) \\
& + (A_{2\sigma(\kappa)} + B_{2\sigma(\kappa)} K_{\sigma(\kappa - d(\kappa_l))}) x(i+1, j) \\
& + B_{1\sigma(\kappa)} K_{\sigma(\kappa - d(\kappa_l))} e(i, j+1) + B_{2\sigma(\kappa)} K_{\sigma(\kappa - d(\kappa_l))} e(i+1, j) \\
& + G_{1\sigma(\kappa)} w(i, j+1) + G_{2\sigma(\kappa)} w(i+1, j),
\end{aligned} \tag{6.8a}
$$

$$
\begin{aligned}
z(i, j) = {} & (C_{\sigma(\kappa)} + L_{\sigma(\kappa)} K_{\sigma(\kappa - d(\kappa_l))}) x(i, j) + L_{\sigma(\kappa)} K_{\sigma(\kappa - d(\kappa_l))} e(i, j) \\
& + E_{\sigma(\kappa)} w(i, j).
\end{aligned} \tag{6.8b}
$$

基于以上分析, 本章将解决如下问题:

问题 6.1　如何设计一个事件触发的状态反馈控制器, 使得闭环系统 (6.8) 稳定, 且保证该系统在异步切换下具有 H_∞ 扰动衰减性能?

6.2　事件触发镇定性

在本节中, 我们将考虑 2D 异步切换系统 (6.8) 在 $w(i, j) = 0$ 时的事件触发镇定性问题. 当 $w(i, j) = 0$ 时, 我们首先研究 2D 切换系统 (6.8) 的指数稳定性, 然后为 2D 切换系统 (6.1) 设计一个事件触发的状态反馈控制器.

接下来, 我们首先建立一个充分条件, 以确保 $w(i, j) = 0$ 时 2D 切换系统 (6.8), 即

$$
\begin{aligned}
x(i+1, j+1) = {} & (A_{1\sigma(\kappa)} + B_{1\sigma(\kappa)} K_{\sigma(\kappa - d(\kappa_l))}) x(i, j+1) \\
& + (A_{2\sigma(\kappa)} + B_{2\sigma(\kappa)} K_{\sigma(\kappa - d(\kappa_l))}) x(i+1, j) \\
& + B_{1\sigma(\kappa)} K_{\sigma(\kappa - d(\kappa_l))} e(i+1, j) + B_{2\sigma(\kappa)} K_{\sigma(\kappa - d(\kappa_l))} e(i, j+1)
\end{aligned} \tag{6.9}
$$

在异步切换下的指数稳定性.

定理 6.1

给定正常数 $0 < \alpha_k < 1$, $\beta_k \geqslant 1$, $\mu > 1$, $\eta < 1$, 对 $\forall\, q, k \in \mathcal{L}$ $(q \neq k)$, 以及事件触发控制器的增益 K_k 和参数 δ_k, Ω_k, 如果存在矩阵 $P_k > 0$, 使得

$$
\begin{bmatrix}
-\alpha_k P_{1k} + \delta_k \Omega_k & * & * & * & * \\
0 & -\alpha_k P_{2k} + \delta_k \Omega_k & * & * & * \\
0 & 0 & -\Omega_k & * & * \\
0 & 0 & 0 & -\Omega_k & * \\
A_{1k} + B_{1k} K_k & A_{2k} + B_{2k} K_k & B_{1k} K_k & B_{2k} K_k & -P_k^{-1}
\end{bmatrix} < 0,
$$

(6.10)

$$
\begin{bmatrix}
-\beta_k P_{1k} + \delta_q \Omega_q & * & * & * & * \\
0 & -\alpha_k P_{2k} + \delta_q \Omega_q & * & * & * \\
0 & 0 & -\Omega_q & * & * \\
0 & 0 & 0 & -\Omega_q & * \\
A_{1k} + B_{1k} K_q & A_{2k} + B_{2k} K_q & B_{1k} K_q & B_{2k} K_q & -P_k^{-1}
\end{bmatrix} < 0,
$$

(6.11)

$$
P_k \leqslant \mu P_q,
$$

(6.12)

且平均驻留时间满足

$$
\tau_{\mathrm{d}} > \tau_{\mathrm{d}}^* = -\frac{\ln \mu + d \ln \theta}{\ln \alpha},
$$

(6.13)

则闭环 2D 切换系统 (6.9) 是指数渐近稳定的, 其中 $P_{1k} = \eta P_k$, $P_{2k} = (1-\eta) P_k$, $\beta = \max\limits_{\forall k \in \mathcal{L}}\{\beta_k\}$, $\alpha = \max\limits_{\forall k \in \mathcal{L}}\{\alpha_k\}$, $\theta = \max\limits_{\forall k \in \mathcal{L}}\{\beta_k/\alpha_k\}$, d 表示最大切换滞后.

证明 选取以下多 Lyapunov 函数, 即

$$
V(i,j) = V_{\sigma(\kappa)}(i,j) = x^{\mathrm{T}}(i,j) P_{\sigma(\kappa)} x(i,j).
$$

(6.14)

令

$$
x^{\mathrm{T}}(i,j) P_{1\sigma(\kappa)} x(i,j) = V_{\sigma(\kappa)}^1(i,j), \quad x^{\mathrm{T}}(i,j) P_{2\sigma(\kappa)} x(i,j) = V_{\sigma(\kappa)}^2(i,j),
$$

其中

$$
P_{1\sigma(\kappa)} = \eta P_{\sigma(\kappa)}, \quad P_{2\sigma(\kappa)} = (1-\eta) P_{\sigma(\kappa)}.
$$

当 $\kappa \in [\kappa_l, \kappa_{l+1})$ 时, 记 $\sigma(\kappa) = \sigma(\kappa_l) = k \in \mathcal{L}$, 则 $V_{\sigma(\kappa)}(i,j) = V_k(i,j)$. 在同步情况下, $\kappa \in [\kappa_l + d(\kappa_l), \kappa_{l+1})$ $(l \in \mathbb{N}^+)$, 则

$$
V_k(i+1, j+1) - \alpha_k [V_k^1(i, j+1) + V_k^2(i+1, j)]
$$

$$= V_k^1(i+1, j+1) + V_k^2(i+1, j+1) - \alpha_k[V_k^1(i, j+1) + V_k^2(i+1, j)]$$
$$= \eta^{\mathrm{T}}(i, j)\Phi_1\eta(i, j), \tag{6.15}$$

式中

$$\eta^{\mathrm{T}}(i, j) = [x^{\mathrm{T}}(i, j+1) \; x^{\mathrm{T}}(i+1, j) \; e^{\mathrm{T}}(i, j+1) \; e^{\mathrm{T}}(i+1, j)],$$

$\Phi_1 =$

$$\begin{bmatrix} \widehat{A}_{1k}^{\mathrm{T}} P_k \widehat{A}_{1k} - \alpha_k P_{1k} & * & * & * \\ \widehat{A}_{2k}^{\mathrm{T}} P_k \widehat{A}_{1k} & \widehat{A}_{2k}^{\mathrm{T}} P_k \widehat{A}_{2k} - \alpha_k P_{2k} & * & * \\ (B_{1k}K_k)^{\mathrm{T}} P_k \widehat{A}_{1k} & (B_{1k}K_k)^{\mathrm{T}} P_k \widehat{A}_{2k} & (B_{1k}K_k)^{\mathrm{T}} P_k(B_{1k}K_k) & * \\ (B_{2k}K_k)^{\mathrm{T}} P_k \widehat{A}_{1k} & (B_{2k}K_k)^{\mathrm{T}} P_k \widehat{A}_{2k} & (B_{2k}K_k)^{\mathrm{T}} P_k(B_{1k}K_k) & (B_{2k}K_k)^{\mathrm{T}} P_k(B_{2k}K_k) \end{bmatrix},$$

其中

$$\widehat{A}_{1k} = A_{1k} + B_{1k}K_k, \quad \widehat{A}_{2k} = A_{2k} + B_{2k}K_k.$$

根据式 (6.15), 可得

$$\eta^{\mathrm{T}}(i, j)\Phi_2\eta(i, j) > 0, \tag{6.16}$$

式中

$$\Phi_2 = \mathrm{diag}\{\delta_k\Omega_k, \delta_k\Omega_k, -\Omega_k, -\Omega_k\}.$$

对条件 (6.10) 使用 Schur 补引理, 可得 $\Phi_1 + \Phi_2 < 0$, 进而可得 $\Phi_1 < 0$. 因此

$$\alpha_k[V_k^1(i, j+1) + V_k^2(i+1, j)] > V_k(i+1, j+1). \tag{6.17}$$

当 $\Gamma \in (\kappa_l + d(\kappa_l), \kappa_{l+1})$ 时, 由式 (6.17) 可得

$$\begin{cases} V_k(1, \Gamma-1) < \alpha_k[V_k^1(0, \Gamma-1) + V_k^2(1, \Gamma-2)], \\ V_k(2, \Gamma-2) < \alpha_k[V_k^1(1, \Gamma-2) + V_k^2(2, \Gamma-3)], \\ \cdots, \\ V_k(\Gamma-1, 1) < \alpha_k[V_k^1(\Gamma-2, 1) + V_k^2(\Gamma-1, 0)]. \end{cases}$$

再结合边界条件 (6.2), 可得

$$\sum_{i+j=\Gamma} V_k(i, j) < \alpha_k \sum_{i+j=\Gamma-1} V_k(i, j) < \alpha_k^{\Gamma-(\kappa_l+d(\kappa_l))} \sum_{i+j=\kappa_l+d(\kappa_l)} V_k(i, j). \tag{6.18}$$

当 $\kappa \in [\kappa_l, \kappa_l + d(\kappa_l))$ $(l \in \mathbb{N}^+)$ 时, 假设 $\sigma(\kappa_{l-1}) = q \in \mathcal{L}$. 在这种情况下, 切换延迟导致子控制器 K_q 仍激活, 但第 q 个子系统已切换到第 k 个子系统, 这种现象称为异步现象. 基于条件 (6.11) 和以上分析, 可得

$$\beta_k[V_k^1(i, j+1) + V_k^2(i+1, j)] > V_k(i+1, j+1),$$

及

$$\sum_{i+j=\kappa_l+d(\kappa_l)} V_k(i,j) < \beta_k^{d(\kappa_l)} \sum_{i+j=\kappa_l} V_k(i,j). \tag{6.19}$$

由式 (6.18) 和式 (6.19) 可得

$$\sum_{i+j=\Gamma} V_k(i,j) < \alpha_{\sigma(\kappa_l)}^{\Gamma-\kappa_l} \theta_{\sigma(\kappa_l)}^{d(\kappa_l)} \sum_{i+j=\kappa_l} V_{\sigma(\kappa_l)}(i,j), \tag{6.20}$$

其中, $\theta_{\sigma(\kappa_l)} = \beta_{\sigma(\kappa_l)}/\alpha_{\sigma(\kappa_l)}$.

因为 $\alpha = \max\limits_{\forall k \in \mathcal{L}}\{\alpha_k\}$, $\beta = \max\limits_{\forall k \in \mathcal{L}}\{\beta_k\}$, $\theta = \max\limits_{\forall k \in \mathcal{L}}\{\beta_k/\alpha_k\}$, 所以由式 (6.12) 和式 (6.20) 可得

$$\sum_{i+j=\Gamma} V_k(i,j) < \mu\alpha^{\Gamma-\kappa_l}\theta^d \sum_{i+j=\kappa_l} V_{\sigma(\kappa_{l-1})}(i,j)$$

$$< \cdots$$

$$< (\mu\theta^d)^{N_\sigma(\kappa_0,\Gamma)}\alpha^{\Gamma-\kappa_0} \sum_{i+j=\kappa_0} V_{\sigma(\kappa_0)}(i,j). \tag{6.21}$$

由式 (6.14) 易得

$$\lambda_1\|x(i,j)\|^2 \leqslant V_k(i,j) \leqslant \lambda_2\|x(i,j)\|^2, \quad \forall\ \sigma(\kappa) = k \in \mathcal{L}, \tag{6.22}$$

其中, $\lambda_1 = \min\limits_{\forall k \in \mathcal{L}}\{\lambda_{\min}(\widetilde{P}_k)\}$, $\lambda_2 = \max\limits_{\forall k \in \mathcal{L}}\{\lambda_{\max}(\widetilde{P}_k)\}$.

结合式 (6.21) 和式 (6.22), 可得

$$\sum_{i+j=\Gamma}\|x(i,j)\|^2 \leqslant \frac{\lambda_2}{\lambda_1}(\mu\theta^d)^{N_\sigma(\kappa_0,\Gamma)}\alpha^{\Gamma-\kappa_0} \sum_{i+j=\kappa_0}\|x(i,j)\|^2. \tag{6.23}$$

又注意到 $N_\sigma(\kappa_0,\Gamma) \leqslant N_0 + \dfrac{N-\kappa_0}{\tau_d}$, 则由式 (6.23) 易得

$$\sum_{i+j=\Gamma}\|x(i,j)\|^2 \leqslant \frac{\lambda_2}{\lambda_1}(\mu\theta^d)^{N_0}[(\mu\theta^d)^{\frac{1}{\tau_d}}\alpha]^{\Gamma-\kappa_0} \sum_{i+j=\kappa_0}\|x(i,j)\|^2. \tag{6.24}$$

记 $\eta = \dfrac{\lambda_2}{\lambda_1}(\mu\theta^d)^{N_0} > 0$, $\rho = (\mu\theta^d)^{\frac{1}{\tau_d}}\alpha$. 根据条件 (6.13), 可得 $0 < \rho < (\mu\theta^d)^{-\frac{\ln\alpha}{\ln(\mu\theta^d)}}\alpha = 1$. 因此, 根据定义 6.2, 可得闭环系统 (6.9) 是指数稳定的.

注 6.3 定理 6.1 研究了 2D 切换系统在异步切换下事件触发的指数稳定性问题. 如果令 $d(\kappa_l) = 0$, 那么定理 6.1 退化为同步情况下事件触发控制结果.[14] 当异步切换发生时, Lyapunov 函数可以增加到一定程度, 但是整个状态响应仍将由具有一些指数稳定性参数的曲线来约束.

当 $w(i,j) = 0$ 时, 下面的定理 6.2 将给出异步切换下事件触发的状态反馈控制器设计的可解的 LMIs 条件.

定理 6.2

对 $q, k \in \mathcal{L}$ $(q \neq k)$, 给定系统 (6.1), 常数 $0 < \alpha_k < 1$, $\beta_k \geqslant 1$, δ_k, $\mu \geqslant 1$, 以及 $0 < \eta < 1$. 当 $w(i, j) = 0$ 时, 2D 切换系统 (6.1) 是指数稳定的, 如果存在正定矩阵 $\bar{P}_k > 0$, $\bar{P}_q > 0$, $\hat{\Omega}_k > 0$, $\hat{\Omega}_q > 0$, 以及 Y_k, Y_q 满足如下条件:

$$
\begin{bmatrix}
-\alpha_k \eta \bar{P}_k + \delta_k \hat{\Omega}_k & * & * & * & * \\
0 & -\alpha_k (1-\eta) \bar{P}_k + \delta_k \hat{\Omega}_k & * & * & * \\
0 & 0 & -\hat{\Omega}_k & * & * \\
0 & 0 & 0 & -\hat{\Omega}_k & * \\
A_{1k} \bar{P}_k + B_{1k} Y_k & A_{2k} \bar{P}_k + B_{2k} Y_k & B_{1k} Y_k & B_{2k} Y_k & -\bar{P}_k
\end{bmatrix} < 0,
$$

(6.25)

$$
\begin{bmatrix}
\beta_k \eta (\bar{P}_k - 2\bar{P}_q) + \delta_q \hat{\Omega}_q & * & * & * & * \\
0 & \beta_k (1-\eta)(\bar{P}_k - 2\bar{P}_q) + \delta_q \hat{\Omega}_q & * & * & * \\
0 & 0 & -\hat{\Omega}_q & * & * \\
0 & 0 & 0 & -\hat{\Omega}_q & * \\
A_{1k} \bar{P}_q + B_{1k} Y_q & A_{2k} \bar{P}_q + B_{2k} Y_q & B_{1k} Y_q & B_{2k} Y_q & -\bar{P}_k
\end{bmatrix} < 0,
$$

(6.26)

$$
\begin{bmatrix}
-\mu \bar{P}_q & * \\
\bar{P}_q & -\bar{P}_k
\end{bmatrix} \leqslant 0,
$$

(6.27)

且切换信号的平均驻留时间满足式 (6.13), 其中 $\theta = \max\limits_{\forall k \in \mathcal{L}} \{\beta_k / \alpha_k\}$, $\alpha = \max\limits_{\forall k \in \mathcal{L}} \{\alpha_k\}$, $\beta = \max\limits_{\forall k \in \mathcal{L}} \{\beta_k\}$. 此外, 相应的事件触发状态反馈控制器的增益可以表示为

$$
K_k = Y_k \bar{P}_k^{-1}, \quad \Omega_k = \bar{P}_k^{-1} \hat{\Omega}_k \bar{P}_k^{-1}.
$$

证明　令 $\bar{P}_k = P_k^{-1}$, $\hat{\Omega}_k = P_k^{-1} \Omega_k P_k^{-1}$, 且 $Y_k = K_k \bar{P}_k$ $(\forall k \in \mathcal{L})$. 在条件 (6.25) 的两边分别乘以 $\mathrm{diag}\{P_k, P_k, P_k, P_k, I\}$, 可得

$$
\begin{bmatrix}
-\alpha_k \eta P_k + \delta_k \Omega_k & * & * & * & * \\
0 & -\alpha_k (1-\eta) P_k + \delta_k \Omega_k & * & * & * \\
0 & 0 & -\Omega_k & * & * \\
0 & 0 & 0 & -\Omega_k & * \\
A_{1k} + B_{1k} K_k & A_{2k} + B_{2k} K_k & B_{1k} K_k & B_{2k} K_k & -P_k^{-1}
\end{bmatrix} < 0.
$$

(6.28)

这能够保证定理 6.1 的条件 (6.10) 成立.

由 $(\bar{P}_k - \bar{P}_q)\bar{P}_k^{-1}(\bar{P}_k - \bar{P}_q) \geqslant 0$, 可得 $\bar{P}_k - 2\bar{P}_q \geqslant -\bar{P}_q\bar{P}_k^{-1}\bar{P}_q$. 由条件 (6.26) 可得

$$
\begin{bmatrix}
-\beta_k\eta\bar{P}_q\bar{P}_k^{-1}\bar{P}_q + \delta_q\hat{\Omega}_q & * & * & * & * \\
0 & -\beta_k(1-\eta)\bar{P}_q\bar{P}_k^{-1}\bar{P}_q + \delta_q\hat{\Omega}_q & * & * & * \\
0 & 0 & -\hat{\Omega}_q & * & * \\
0 & 0 & 0 & -\hat{\Omega}_q & * \\
A_{1k}\bar{P}_q + B_{1k}Y_q & A_{2k}\bar{P}_q + B_{2k}Y_q & B_{1k}Y_q & B_{2k}Y_q & -\bar{P}_k
\end{bmatrix} < 0.
\tag{6.29}
$$

类似地, 定理 6.1 的条件 (6.11) 可以通过对式 (6.29) 的两边分别乘以 $\mathrm{diag}\{P_q, P_q, P_q, P_q, I\}$ 来保证.

在式 (6.27) 的两边分别乘以 $\mathrm{diag}\{\bar{P}_q^{-1}, I\}$, 可得

$$
\begin{bmatrix}
-\mu\bar{P}_q^{-1} & * \\
I & -\bar{P}_k
\end{bmatrix} \leqslant 0.
\tag{6.30}
$$

通过对式 (6.30) 使用 Schur 补引理, 可得 $\bar{P}_k^{-1} - \mu\bar{P}_q^{-1} \leqslant 0$. 因此, 定理 6.1 的条件 (6.12) 是成立的.

基于以上分析, 定理 6.2 能够确保定理 6.1 成立. 证毕.

注 6.4 与在每个时刻传输数据的时间触发控制机制相比, 事件触发机制更加灵活, 它能够在确保所需系统性能的同时减少冗余的数据采样或传输. 数据传输速率和 δ_k 的选择密切相关. 通常, 选取的 δ_k 越小, 系统的预期性能越好. 但在这种情况下, 将传输更多的数据, 不可避免地会占用更多的通信资源. 因此, 选择适当的 δ_k, 对于确保预期的系统性能和减少带宽使用非常重要.

6.3 事件触发 H_∞ 控制

下面给出确保系统 (6.1) 指数稳定性和 H_∞ 扰动衰减性能指标的充分性条件.

> **定理 6.3**
>
> 给定常数 $\mu \geqslant 1, 0 < \eta < 1$, $\beta_k \geqslant 1$, $0 < \alpha_k < 1$, 以及参数 δ_k, Ω_k ($k \in \mathcal{L}$), 则称 2D 切换系统 (6.8) 是指数稳定的, 且有一个加权的 H_∞ 扰动衰减性能指标 $\tilde{\gamma}$, 如果存在常数 $\gamma > 0$, 矩阵 $P_k > 0$, 对任意的 $q \neq k$ ($q, k \in \mathcal{L}$)

满足条件 (6.12) 及条件

$$\Delta = \begin{bmatrix} \Delta_{11} & * \\ \Delta_{21} & \Delta_{22} \end{bmatrix} < 0, \tag{6.31}$$

$$\Theta = \begin{bmatrix} \Theta_{11} & * \\ \Theta_{21} & \Theta_{22} \end{bmatrix} < 0, \tag{6.32}$$

且切换信号的平均驻留时间满足式 (6.13), 其中

$$\Delta_{11} = \mathrm{diag}\left\{-\alpha_k P_{1k} + \delta_k \Omega_k, -\alpha_k P_{2k} + \delta_k \Omega_k, -\Omega_k, -\Omega_k, -\gamma^2 I, -\gamma^2 I\right\},$$

$$\Delta_{21} = \begin{bmatrix} C_k + L_k K_k & 0 & L_k K_k & 0 & E_k & 0 \\ 0 & C_k + L_k K_k & 0 & L_k K_k & 0 & E_k \\ A_{1k} + B_{1k} K_k & A_{2k} + B_{2k} K_k & B_{1k} K_k & B_{2k} K_k & G_{1k} & G_{2k} \end{bmatrix},$$

$$\Theta_{11} = \mathrm{diag}\left\{-\beta_k P_{1k} + \delta_q \Omega_q, -\beta_k P_{2k} + \delta_q \Omega_q, -\Omega_k, -\Omega_k, -\gamma^2 I, -\gamma^2 I\right\},$$

$$\Theta_{21} = \begin{bmatrix} C_k + L_k K_q & 0 & L_k K_q & 0 & E_k & 0 \\ 0 & C_k + L_k K_q & 0 & L_k K_q & 0 & E_k \\ A_{1k} + B_{1k} K_q & A_{2k} + B_{2k} K_q & B_{1k} K_q & B_{2k} K_q & G_{1k} & G_{2k} \end{bmatrix},$$

$$\Delta_{22} = \Theta_{22} = \mathrm{diag}\left\{-I, -I, -P_k^{-1}\right\},$$

式中

$$\widetilde{\gamma} = \sqrt{\mu^{N_0}\theta^{(N_0+1)d-1}}\,\gamma, \quad \theta = \max_{\forall k \in \mathcal{L}}\{\beta_k/\alpha_k\}, \quad \beta = \max_{\forall k \in \mathcal{L}}\{\beta_k\},$$

$$\alpha = \max_{\forall k \in \mathcal{L}}\{\alpha_k\}, \quad P_{1k} = \eta P_k, \quad P_{2k} = (1-\eta)P_k.$$

证明　对 2D 切换系统 (6.8), 构造多 Lyapunov 函数 (6.14).

首先, 我们证明条件 (6.10) 和条件 (6.11) 成立. 令

$$\Pi = \begin{bmatrix} \mathrm{diag}\{I,I,I,I\} & 0 & 0 \\ 0 & 0 & I \\ 0 & \mathrm{diag}\{I,I,I,I\} & 0 \end{bmatrix}.$$

通过在条件 (6.31) 的两边分别乘以 Π 和 Π^{T}, 易得 $\Delta < 0$, 这确保了定理 6.1 的条件 (6.10) 成立. 类似地, 通过对条件 (6.32) 使用相同的方法, 可以保证定理 6.1 的条件 (6.11) 成立. 根据定理 6.1, 可知当 $w(i,j) = 0$ 时, 2D 切换系统 (6.1) 是指数稳定的.

接下来, 证明 $w(i,j) \neq 0$ 时 2D 切换系统 (6.8) 的 H_∞ 性能.

令

$$\widehat{A}_{1k} = A_{1k} + B_{1k} K_k, \quad \widehat{A}_{2k} = A_{2k} + B_{2k} K_k,$$

$$\widehat{C}_k = C_k + L_k K_k, \quad \bar{w}^{\mathrm{T}} = [w^{\mathrm{T}}(i, j+1)\ w^{\mathrm{T}}(i+1, j)],$$

$$\bar{z}^{\mathrm{T}} = [z^{\mathrm{T}}(i, j+1)\ z^{\mathrm{T}}(i+1, j)], \quad \Pi(i,j) = \bar{z}^{\mathrm{T}}\bar{z} - \gamma^2 \bar{w}^{\mathrm{T}}\bar{w}.$$

当 $\kappa \in [\kappa_l + d(\kappa_l), \kappa_{l+1})$ $(l \in \mathbb{N}^+)$ 时, 有

$$\sigma(\kappa) = k \in \mathcal{L},$$

$$V_k(i+1, j+1) - \alpha_k[V_k^1(i, j+1) + V_k^2(i+1, j)] + \Pi(i,j) = \bar{\eta}^{\mathrm{T}}(i,j)\boldsymbol{\Psi}_1\bar{\eta}(i,j),$$

其中

$$\bar{\eta}^{\mathrm{T}}(i,j) = [x^{\mathrm{T}}(i, j+1)x^{\mathrm{T}}(i+1, j)e^{\mathrm{T}}(i, j+1)e^{\mathrm{T}}(i+1, j)w^{\mathrm{T}}(i, j+1)w^{\mathrm{T}}(i+1, j)],$$

$$\boldsymbol{\Psi}_1 = \begin{bmatrix} \Psi_{11} & * & * & * & * & * \\ \widehat{A}_{2k}^{\mathrm{T}}P_k\widehat{A}_{1k} & \Psi_{22} & * & * & * & * \\ \Psi_{31} & \Psi_{32} & \Psi_{33} & * & * & * \\ \Psi_{41} & \Psi_{42} & \Psi_{43} & \Psi_{44} & * & * \\ \Psi_{51} & G_{1k}^{\mathrm{T}}P_k\widehat{A}_{2k} & \Psi_{53} & \Psi_{54} & \Psi_{55} & * \\ G_{2k}^{\mathrm{T}}P_k\widehat{A}_{1k} & \Psi_{62} & \Psi_{63} & \Psi_{64} & G_{2k}^{\mathrm{T}}P_kG_{2k} & \Psi_{66} \end{bmatrix},$$

式中

$$\Psi_{11} = \widehat{A}_{1k}^{\mathrm{T}}P_k\widehat{A}_{1k} + \widehat{C}_k^{\mathrm{T}}\widehat{C}_k - \alpha_k P_{1k}, \quad \Psi_{22} = \widehat{A}_{2k}^{\mathrm{T}}P_k\widehat{A}_{2k} + \widehat{C}_k^{\mathrm{T}}\widehat{C}_k - \alpha_k P_{2k},$$

$$\Psi_{31} = (B_{1k}K_k)^{\mathrm{T}}P_k\widehat{A}_{1k} + (L_kK_k)^{\mathrm{T}}\widehat{C}_k, \quad \Psi_{32} = (B_{1k}K_k)^{\mathrm{T}}P_k\widehat{A}_{2k},$$

$$\Psi_{33} = (B_{1k}K_k)^{\mathrm{T}}P_k(B_{1k}K_k) + (L_kK_k)^{\mathrm{T}}(L_kK_k), \quad \Psi_{41} = (B_{2k}K_k)^{\mathrm{T}}P_k\widehat{A}_{1k},$$

$$\Psi_{42} = (B_{2k}K_k)^{\mathrm{T}}P_k\widehat{A}_{2k} + (L_kK_k)^{\mathrm{T}}\widehat{C}_k, \quad \Psi_{43} = (B_{2k}K_k)^{\mathrm{T}}P_kB_{1k}K_k,$$

$$\Psi_{44} = (B_{2k}K_k)^{\mathrm{T}}P_kB_{2k}K_k + (L_kK_k)^{\mathrm{T}}(L_kK_k), \quad \Psi_{51} = G_{1k}^{\mathrm{T}}P_k\widehat{A}_{1k} + E_k^{\mathrm{T}}\widehat{C}_k,$$

$$\Psi_{53} = G_{1k}^{\mathrm{T}}P_kB_{1k}K_k + E_k^{\mathrm{T}}(L_kK_k), \quad \Psi_{54} = G_{1k}^{\mathrm{T}}P_k(B_{2k}K_k),$$

$$\Psi_{55} = G_{1k}^{\mathrm{T}}P_kG_{1k} + E_k^{\mathrm{T}}E_k - \gamma^2 I, \quad \Psi_{62} = G_{2k}^{\mathrm{T}}P_k\widehat{A}_{2k} + E_k^{\mathrm{T}}\widehat{C}_k,$$

$$\Psi_{63} = G_{2k}^{\mathrm{T}}P_k(B_{1k}K_k), \quad \Psi_{64} = G_{2k}^{\mathrm{T}}P_k(B_{2k}K_k) + E_k^{\mathrm{T}}(L_kK_k),$$

$$\Psi_{66} = G_{2k}^{\mathrm{T}}P_kG_{2k} + E_k^{\mathrm{T}}E_k - \gamma^2 I.$$

根据式 (6.5) 可得

$$\bar{\eta}^{\mathrm{T}}(i,j)\boldsymbol{\Psi}_2\bar{\eta}(i,j) > 0,$$

其中, $\boldsymbol{\Psi}_2 = \mathrm{diag}\{\delta_k\Omega_k, \delta_k\Omega_k, -\Omega_k, -\Omega_k, 0, 0\}$. 对条件 (6.31) 使用 Schur 补引理, 可得 $\boldsymbol{\Psi}_1 + \boldsymbol{\Psi}_2 < 0$, 进而可知 $\boldsymbol{\Psi}_1 < 0$. 因此

$$\alpha_k[V_k^1(i, j+1) + V_k^2(i+1, j)] - \Pi(i,j) > V_k(i+1, j+1).$$

对任意的 $\Gamma \in (\kappa_l + d(\kappa_l), \kappa_{l+1})$, 可得

$$
\begin{aligned}
\sum_{i+j=\Gamma} V_k(i,j) <&\, \alpha^{\Gamma - (\kappa_l + d(\kappa_l))} \sum_{i+j=\kappa_l + d(\kappa_l)} V_k(i,j) \\
&- \sum_{s=\kappa_l + d(\kappa_l)-1}^{\Gamma-2} \sum_{i+j=s} \alpha^{\Gamma-2-s} \Pi(i,j).
\end{aligned} \tag{6.33}
$$

对 $\kappa \in [\kappa_l, \kappa_l + d(\kappa_l))$ $(l \in \mathbb{N}^+)$, 条件 (6.32) 可以确保

$$
\beta_k[V_k^1(i, j+1) + V_k^2(i+1, j)] - \Pi(i,j) > V_k(i+1, j+1),
$$

则

$$
\sum_{i+j=\kappa_l + d(\kappa_l)} V_k(i,j) < \beta^{d(\kappa_l)} \sum_{i+j=\kappa_l} V_k(i,j) - \sum_{s=\kappa_l-1}^{\kappa_l+d(\kappa_l)-2} \sum_{i+j=s} \beta^{\kappa_l+d(\kappa_l)-2-s} \Pi(i,j). \tag{6.34}
$$

结合式 (6.33) 和式 (6.34), 以及条件 (6.12), 可得

$$
\begin{aligned}
\sum_{i+j=\Gamma} V_k(i,j) <&\, \alpha^{\Gamma-\kappa_l} \theta^d \sum_{i+j=\kappa_l} V_{\sigma(\kappa_l)}(i,j) - \sum_{s=\kappa_l+d(\kappa_l)-1}^{\Gamma-2} \sum_{i+j=s} \alpha^{\Gamma-2-s} \Pi(i,j) \\
&- \sum_{s=\kappa_l-1}^{\kappa_l+d(\kappa_l)-2} \sum_{i+j=s} \alpha^{\Gamma-2-s} \theta^{\kappa_l+d(\kappa_l)-2-s} \Pi(i,j) \\
<&\, \mu\theta^d \alpha^{\Gamma-\kappa_l} \sum_{i+j=\kappa_l} V_{\sigma(\kappa_{l-1})}(i,j) - \sum_{s=\kappa_l+d(\kappa_l)-1}^{\Gamma-2} \sum_{i+j=s} \alpha^{\Gamma-2-s} \Pi(i,j) \\
&- \sum_{s=\kappa_l-1}^{\kappa_l+d(\kappa_l)-2} \sum_{i+j=s} \alpha^{\Gamma-2-s} \theta^{\kappa_l+d(\kappa_l)-2-s} \Pi(i,j) \\
<&\, \cdots \\
<&\, (\mu\theta^d)^{N_\sigma(1,\Gamma)} \alpha^{\Gamma-1} \sum_{i+j=1} V_{\sigma(1)}(i,j) \\
&- \sum_{s=0}^{\kappa_1-2} \sum_{i+j=s} (\mu\theta^d)^{N_\sigma(1,\Gamma)} \alpha^{\Gamma-2-s} \Pi(i,j) \\
&- \sum_{s=\kappa_1+d(\kappa_1)-1}^{\kappa_2-2} \sum_{i+j=s} (\mu\theta^d)^{N_\sigma(\kappa_1,\Gamma)} \alpha^{\Gamma-2-s} \Pi(i,j) \\
&- \sum_{s=\kappa_1-1}^{\kappa_1+d(\kappa_1)-2} \sum_{i+j=s} (\mu\theta^d)^{N_\sigma(\kappa_1,\Gamma)} \alpha^{\Gamma-2-s} \theta^{\kappa_1+d(\kappa_1)-2-s} \Pi(i,j) - \cdots
\end{aligned}
$$

$$- \sum_{s=\kappa_l+d(\kappa_l)-1}^{\Gamma-2} \sum_{i+j=s} \alpha^{\Gamma-2-s} \Pi(i,j)$$

$$- \sum_{s=\kappa_l-1}^{\kappa_l+d(\kappa_l)-2} \sum_{i+j=s} \alpha^{\Gamma-2-s} \theta^{\kappa_l+d(\kappa_l)-2-s} \Pi(i,j). \tag{6.35}$$

由于零边界条件的限制, $\sum_{i+j=1} V_{\sigma(1)}(i,j) = 0$. 因为 $\Pi(i,j) = \bar{z}^{\mathrm{T}}\bar{z} - \gamma^2 \bar{w}^{\mathrm{T}}\bar{w}$, 又考虑到 $V_{\sigma(\kappa_l)}(i,j) \geqslant 0$, 且 $1 < \theta^{\kappa_1+d(\kappa_1)-2-s} < \theta^{d-1}$, 所以由式 (6.35) 可得

$$\theta^{d-1} \sum_{s=0}^{\Gamma-2} \sum_{i+j=s} (\mu\theta^d)^{N_\sigma(s+1,\Gamma)} \alpha^{\Gamma-2-s} \gamma^2 \bar{w}^{\mathrm{T}}\bar{w}$$

$$> \sum_{s=0}^{\Gamma-2} \sum_{i+j=s} (\mu\theta^d)^{N_\sigma(s+1,\Gamma)} \alpha^{\Gamma-2-s} \bar{z}^{\mathrm{T}}\bar{z}.$$

对上式的两边分别乘以 $(\mu\theta^d)^{N_0-N_\sigma(1,\Gamma)} \alpha^{2-\Gamma+s}$, 可得

$$\sum_{s=0}^{\Gamma-2} \sum_{i+j=s} (\mu\theta^d)^{N_0-N_\sigma(1,s+1)} \gamma^2 \theta^{d-1} \bar{w}^{\mathrm{T}}\bar{w} > \sum_{s=0}^{\Gamma-2} \sum_{i+j=s} (\mu\theta^d)^{N_0-N_\sigma(1,s+1)} \bar{z}^{\mathrm{T}}\bar{z}. \tag{6.36}$$

根据定义 6.1, 由式 (6.3) 可得 $0 \geqslant -N_\sigma(1,s+1) \geqslant -N_0 - \frac{s}{\tau_d}$. 根据式 (6.13), 可得 $\frac{s}{\tau_d} < -\frac{s\ln\alpha}{\ln\mu\theta^d}$. 将此公式代入式 (6.36), 可得

$$\sum_{s=0}^{\Gamma-2} \sum_{i+j=s} \mu^{N_0} \theta^{(N_0+1)d-1} \gamma^2 \bar{w}^{\mathrm{T}}\bar{w} > \sum_{s=0}^{\Gamma-2} \sum_{i+j=s} (\mu\theta^d)^{\frac{s\ln\alpha}{\ln\mu\theta^d}} \bar{z}^{\mathrm{T}}\bar{z}$$

$$\Rightarrow \sum_{\Gamma=2}^{\infty} \sum_{s=0}^{\Gamma-2} \sum_{i+j=s} \mu^{N_0} \theta^{(N_0+1)d-1} \gamma^2 \bar{w}^{\mathrm{T}}\bar{w} > \sum_{\Gamma=2}^{\infty} \sum_{s=0}^{\Gamma-2} \sum_{i+j=s} \alpha^s \bar{z}^{\mathrm{T}}\bar{z},$$

$$\Rightarrow \sum_{s=0}^{\infty} \sum_{i+j=s} \mu^{N_0} \theta^{(N_0+1)d-1} \gamma^2 \bar{w}^{\mathrm{T}}\bar{w} > \sum_{s=0}^{\infty} \sum_{i+j=s} \alpha^s \bar{z}^{\mathrm{T}}\bar{z}.$$

所以

$$\sum_{i=0}^{\infty} \sum_{j=0}^{\infty} \lambda^s \bar{z}^{\mathrm{T}}\bar{z} < \tilde{\gamma}^2 \sum_{i=0}^{\infty} \sum_{j=0}^{\infty} \bar{w}^{\mathrm{T}}\bar{w},$$

其中, $\tilde{\gamma} = \sqrt{\mu^{N_0}\theta^{(N_0+1)d-1}}\, \gamma$, $\lambda = \alpha$.

因此根据定义 6.3, 可知 2D 切换系统 (6.8) 有一个指定的加权的 H_∞ 扰动衰减性能指标 $\tilde{\gamma}$. 证毕.

注 6.5　定理 6.3 研究了 2D 事件触发异步切换系统的 H_∞ 性能. 对于 2D 切换系统, 已经有一些关于 H_∞ 性能的工作, 但它们只考虑了非事件触发的情况. 值得注意的是, 在没有事件触发机制的情况下, 2D 切换系统在异步切换下的 H_∞ 控制问题已有研究.[118] 为了减少通信资源, 本书提出了一种事件触发控制方案. 特别地, 当定理 6.3 中的 $d(\kappa_l) = 0$ 时, 可以得到同步事件触发 H_∞ 控制的相应结果.

下面, 将设计既能保证 2D 切换系统 (6.1) 的稳定性, 又能保证该系统在异步切换下 H_∞ 扰动衰减性能的事件触发的状态反馈控制器. 定理 6.4 给出了控制器设计的 LMIs 充分性条件.

定理 6.4

对给定的常数 δ_k, $0 < \alpha_k < 1$, $\beta_k \geqslant 1$, 以及 $0 < \eta < 1$, $\mu \geqslant 1$, 称 2D 切换系统 (6.1) 是指数稳定的, 且具有一个加权的 H_∞ 扰动衰减性能指标 $\widetilde{\gamma}$, 如果存在正定矩阵 $\bar{P}_q > 0$, $\bar{P}_k > 0$, $\hat{\Omega}_q > 0$, $\hat{\Omega}_k > 0$, Y_q, Y_k ($q, k \in \mathcal{L}$ 且 $k \neq q$), 以及 γ 满足条件 (6.27) 和以下条件:

$$\Lambda = \begin{bmatrix} \Lambda_{11} & * \\ \Lambda_{21} & \Lambda_{22} \end{bmatrix} < 0, \tag{6.37}$$

$$\Xi = \begin{bmatrix} \Xi_{11} & * \\ \Xi_{21} & \Xi_{22} \end{bmatrix} < 0, \tag{6.38}$$

且切换信号的平均驻留时间满足式 (6.13), 其中

$$\Lambda_{11} = \operatorname{diag}\left\{-\alpha_k\eta\bar{P}_k + \delta_k\hat{\Omega}_k, -\alpha_k(1-\eta)\bar{P}_k + \delta_k\hat{\Omega}_k, -\hat{\Omega}_k, -\hat{\Omega}_k, -\gamma^2 I, -\gamma^2 I\right\},$$

$$\Lambda_{21} = \begin{bmatrix} C_k\bar{P}_k + L_kY_k & 0 & L_kY_k & 0 & E_k & 0 \\ 0 & C_k\bar{P}_k + L_kY_k & 0 & L_kY_k & 0 & E_k \\ A_{1k}\bar{P}_k + B_{1k}Y_k & A_{2k}\bar{P}_k + B_{2k}Y_k & B_{1k}Y_k & B_{2k}Y_k & G_{1k} & G_{2k} \end{bmatrix},$$

$$\Xi_{11} = \operatorname{diag}\Big\{\beta_k\eta(\bar{P}_k - 2\bar{P}_q) + \delta_q\hat{\Omega}_q, \beta_k(1-\eta)(\bar{P}_k - 2\bar{P}_q)$$
$$+ \delta_q\hat{\Omega}_q, -\hat{\Omega}_q, -\hat{\Omega}_q, -\gamma^2 I, -\gamma^2 I\Big\},$$

$$\Xi_{21} = \begin{bmatrix} C_k\bar{P}_q + L_kY_q & 0 & L_kY_q & 0 & E_k & 0 \\ 0 & C_k\bar{P}_q + L_kY_q & 0 & L_kY_q & 0 & E_k \\ A_{1k}\bar{P}_q + B_{1k}Y_q & A_{2k}\bar{P}_q + B_{2k}Y_q & B_{1k}Y_q & B_{2k}Y_q & G_{1k} & G_{2k} \end{bmatrix},$$

$$\Lambda_{22} = \Xi_{22} = \operatorname{diag}\left\{-I, -I, -\bar{P}_k\right\},$$

且

$$\theta = \max_{\forall k \in \mathcal{L}}\{\beta_k/\alpha_k\}, \quad \beta = \max_{\forall k \in \mathcal{L}}\{\beta_k\}, \quad \alpha = \max_{\forall k \in \mathcal{L}}\{\alpha_k\}, \quad \widetilde{\gamma} = \sqrt{\mu^{N_0}\theta^{(N_0+1)d-1}}\,\gamma.$$

此外, 事件触发的 H_∞ 状态反馈控制器的增益为

$$K_k = Y_k \bar{P}_k^{-1}, \quad \Omega_k = \bar{P}_k^{-1}\hat{\Omega}_k\bar{P}_k^{-1}.$$

证明　从定理 6.2 的证明过程中可知, 为了证明定理 6.4, 只需保证定理 6.3 的条件成立.

假设 $\bar{P}_k = P_k^{-1}$, $\hat{\Omega}_k = P_k^{-1}\Omega_k P_k^{-1}$, 且 $Y_k = K_k\bar{P}_k$ $(\forall\, k \in \mathcal{L})$. 将式 (6.37) 的两边分别乘以 $\mathrm{diag}\{P_k, P_k, P_k, P_k, I, I, I, I, I\}$, 可得定理 6.3 的条件 (6.31) 成立.

因为 $-\bar{P}_q\bar{P}_k^{-1}\bar{P}_q < \bar{P}_k - 2\bar{P}_q$, 所以由条件 (6.38) 可得新的 LMI. 将所得的不等式两边分别乘以 $\mathrm{diag}\{P_q, P_q, P_q, P_q, I, I, I, I, I\}$, 可得定理 6.4 的条件 (6.32) 成立.

从定理 6.2 的证明过程中可以看出, 由条件 (6.27) 可得条件 (6.12) 成立. 证毕.

6.4　数 值 算 例

本书将用两个数值算例来证明本章所提结果的有效性.

例 6.1　当 $w(i, j) = 0$ 时, 考虑由两个子系统构成的 2D 切换系统 (6.1). 选取如下参数:

$$A_{11} = \begin{bmatrix} 0.4 & 0.6 \\ 0.2 & 0.6 \end{bmatrix}, \quad A_{21} = \begin{bmatrix} 0.2 & 0.2 \\ 0.1 & 0 \end{bmatrix},$$

$$B_{11} = \begin{bmatrix} 0.02 \\ 0.09 \end{bmatrix}, \quad B_{21} = \begin{bmatrix} 0.03 \\ 0.01 \end{bmatrix},$$

$$A_{12} = \begin{bmatrix} 0.7 & 0.1 \\ 0.1 & 0.5 \end{bmatrix}, \quad A_{22} = \begin{bmatrix} 0.1 & 0 \\ 0.4 & 0.3 \end{bmatrix},$$

$$B_{12} = \begin{bmatrix} 0 \\ 0.05 \end{bmatrix}, \quad B_{22} = \begin{bmatrix} 0.01 \\ 0.01 \end{bmatrix},$$

给定最大滞后 $d = 2$. 选取 $\eta = 0.7$, $\mu = 1.8$, $\alpha_1 = 0.9$, $\beta_1 = 1.07$, $\alpha_2 = 0.9$ 和 $\beta_2 = 1.05$. 当事件触发参数 $\delta_1 \in (0, 0.2889]$, $\delta_2 \in (0, 0.2782]$ 时, 定理 6.2 是可解的.

选取 $\delta_1 = 0.24$, $\delta_2 = 0.1$, 可得如下可行解:

$$\bar{P}_1 = \begin{bmatrix} 2.8778 & -0.3738 \\ -0.3738 & 3.1142 \end{bmatrix}, \quad \bar{P}_2 = \begin{bmatrix} 2.3929 & -0.7345 \\ -0.7345 & 3.5226 \end{bmatrix},$$

$$Y_1 = \begin{bmatrix} -10.5065 & -19.1862 \end{bmatrix}, \quad Y_2 = \begin{bmatrix} -8.8138 & -16.8557 \end{bmatrix},$$

$$\hat{\Omega}_1 = \begin{bmatrix} 1.1986 & 0.2597 \\ 0.2597 & 2.0151 \end{bmatrix}, \quad \hat{\Omega}_2 = \begin{bmatrix} 1.4359 & -0.0440 \\ -0.0440 & 2.4628 \end{bmatrix}.$$

通过计算, 可得 $\tau_{\mathrm{d}}^* = 2.2945$, 以及如下控制器增益和事件触发参数:

$$K_1 = \begin{bmatrix} -4.5216 & -6.7035 \end{bmatrix}, \quad K_2 = \begin{bmatrix} -5.5045 & -5.9329 \end{bmatrix}.$$

$$\Omega_1 = \begin{bmatrix} 0.1607 & 0.0761 \\ 0.0761 & 0.2237 \end{bmatrix}, \quad \Omega_2 = \begin{bmatrix} 0.3039 & 0.1229 \\ 0.1229 & 0.2365 \end{bmatrix}.$$

由式 (6.13) 可得 $\tau_{\mathrm{d}} > \tau_{\mathrm{d}}^* = 2.2945$. 假设边界条件为

$$x(0,j) = x(j,0) = \begin{cases} [1/j \ \ 1/j]^{\mathrm{T}}, & 0 \leqslant j \leqslant 30, \\ [0 \ \ 0]^{\mathrm{T}}, & j > 30. \end{cases}$$

切换信号如图 6.1 所示, 其中 $\tau_{\mathrm{d}} = 3$, $d(\kappa_1) = d(\kappa_3) = d(\kappa_5) = 1$, $d(\kappa_2) = d(\kappa_4) = 2$.

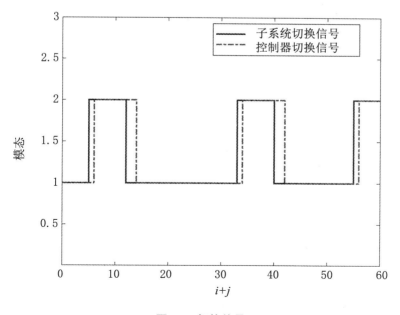

图 6.1　切换信号

如图 6.2 和图 6.3 所示, 在 $w(i,j) = 0$ 的开环情况下, 2D 切换系统 (6.1) 不

是指数稳定的. 当 $w(i,j) = 0$ 时, 图 6.4 和图 6.5 是闭环系统 (6.9) 的状态响应. 这表明, 通过设计事件触发的状态反馈控制器 (6.6) 可以镇定相应的系统.

$x_1(i,j)$

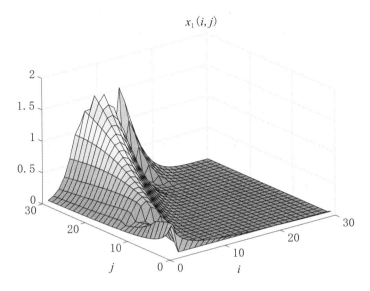

图 6.2   系统 (6.1) 的状态响应 $x_1(i,j)$

$x_2(i,j)$

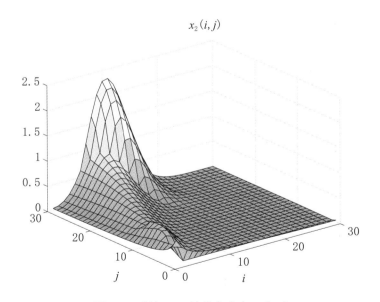

图 6.3   系统 (6.1) 的状态响应 $x_2(i,j)$

$x_1(i,j)$

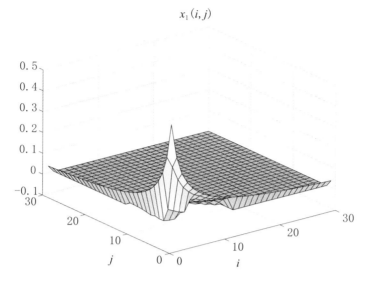

图 6.4　系统 **(6.9)** 的状态响应 $x_1(i,j)$

$x_2(i,j)$

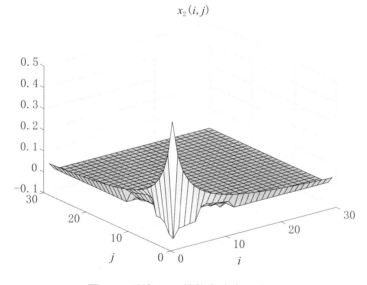

图 6.5　系统 **(6.9)** 的状态响应 $x_2(i,j)$

表 6.1 表明, 当引入事件触发机制时, 若事件触发参数为 $\delta_1 = 0.24$ 和 $\delta_2 = 0.1$, 则数据传输率从 100% 下降到 50.89%. 这表明, 本书提出的事件触发机制可以在不影响系统稳定性的情况下, 减少 49.11% 的网络带宽.

表 6.1 在参数 δ_1 和 δ_2 下的数据传输率

事件触发参数	数据传输量	数据传输率
$\delta_1 = 0, \delta_2 = 0$	900	100%
$\delta_1 = 0.24, \delta_2 = 0.1$	458	50.89%

例 6.2 考虑由如下参数构成的 2D 切换系统 (6.1):

子系统 1 的参数为

$$A_{11} = \begin{bmatrix} 1.1 & 0.1 \\ 0.2 & 0.1 \end{bmatrix}, \quad A_{21} = \begin{bmatrix} 0.2 & 0.1 \\ 0.2 & 0.1 \end{bmatrix},$$

$$B_{11} = \begin{bmatrix} 0.2 \\ 0.1 \end{bmatrix}, \quad B_{21} = \begin{bmatrix} 0.03 \\ 0.03 \end{bmatrix},$$

$$G_{11} = \begin{bmatrix} 0.2 \\ 0.1 \end{bmatrix}, \quad G_{21} = \begin{bmatrix} 0.06 \\ 0.02 \end{bmatrix},$$

$$C_1 = [0.05 \ \ 0.03], \quad L_1 = 0.03, \quad E_1 = 0.6.$$

子系统 2 的参数为

$$A_{12} = \begin{bmatrix} 0.9 & 0.1 \\ 0.5 & 0.3 \end{bmatrix}, \quad A_{22} = \begin{bmatrix} -0.1 & 0 \\ 1.0 & 0.3 \end{bmatrix},$$

$$B_{12} = \begin{bmatrix} 0.1 \\ 0.2 \end{bmatrix}, \quad B_{22} = \begin{bmatrix} 0.01 \\ 0.01 \end{bmatrix},$$

$$G_{12} = \begin{bmatrix} 0.3 \\ 0.1 \end{bmatrix}, \quad G_{22} = \begin{bmatrix} 0.1 \\ 0.1 \end{bmatrix},$$

$$C_2 = [0.01 \ \ 0.06], \quad L_2 = 0.04, \quad E_2 = 0.3.$$

这个数值算例的目的是构造一个事件触发的 H_∞ 状态反馈控制器, 进而保证 2D 切换系统 (6.1) 的指数稳定性和 H_∞ 扰动衰减性能指标 $\tilde{\gamma}$.

假设最大滞后 $d = 4$, 考虑如下边界条件:

$$x(0,j) = x(j,0) = \begin{cases} [0.1/j \ \ 0.1/j]^{\mathrm{T}}, & 0 \leqslant j \leqslant 30, \\ [0 \ \ 0]^{\mathrm{T}}, & j > 30. \end{cases}$$

假设扰动为 $w(i,j) = \exp\left[-\dfrac{1}{2}(i+j)\right]\sin\left[\dfrac{1}{2}\pi(i,j)\right]$. 选取 $\mu = 5$, $\eta = 0.65$, $\alpha_1 = 0.8$, $\beta_1 = 1.2$, $\alpha_2 = 0.9$, $\beta_2 = 1.05$. 令 $\delta_1 = 0.1$, $\delta_2 = 0.2$, 则定理 6.4 的 LMIs 条件是可解的. 通过求解定理 6.4, 可得如下可行解:

$$\bar{P}_1 = \begin{bmatrix} 2.8315 & -1.6131 \\ -1.6131 & 13.5707 \end{bmatrix}, \quad \bar{P}_2 = \begin{bmatrix} 2.1717 & -1.8927 \\ -1.8927 & 15.2081 \end{bmatrix},$$

$$Y_1 = \left[\begin{array}{cc} -10.4669 & -1.8628 \end{array}\right], \quad Y_2 = \left[\begin{array}{cc} -7.7608 & -1.9016 \end{array}\right],$$

$$\hat{\Omega}_1 = \left[\begin{array}{cc} 4.5036 & -0.7000 \\ -0.7000 & 7.3375 \end{array}\right], \quad \hat{\Omega}_2 = \left[\begin{array}{cc} 1.9404 & -0.4188 \\ -0.4188 & 4.8561 \end{array}\right],$$

$$\gamma = 3.2325.$$

通过求解, 可得 $\tau_{\mathrm{d}}^* = 4.3537$, 事件触发的 H_∞ 状态反馈控制器的增益和参数分别为

$$K_1 = \left[\begin{array}{cc} -4.0490 & -0.6186 \end{array}\right], \quad K_2 = \left[\begin{array}{cc} -4.1306 & -0.6391 \end{array}\right].$$

$$\Omega_1 = \left[\begin{array}{cc} 0.6373 & 0.0806 \\ 0.0806 & 0.0500 \end{array}\right], \quad \Omega_2 = \left[\begin{array}{cc} 0.5099 & 0.0698 \\ 0.0698 & 0.0305 \end{array}\right].$$

切换信号 $\sigma(i,j)$ 如图 6.6 所示, 其中 $\tau_{\mathrm{d}} = 5$, $d(\kappa_1) = d(\kappa_3) = 2$, $d(\kappa_2) = d(\kappa_4) = 3$. 在这个切换信号下, 开环系统 (6.1) 的状态响应 $x(i,j)$ 如图 6.7 和图 6.8 所示. 这说明, 系统 (6.1) 不是指数稳定的.

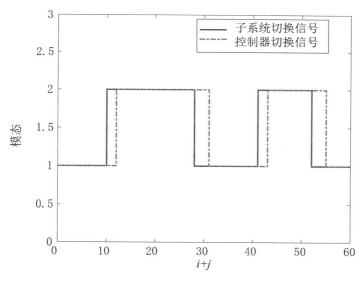

图 6.6　切换信号

闭环系统 (6.8) 的状态响应 $x(i,j)$ 如图 6.9 和图 6.10 所示. 由图可知, 在异步切换下, 闭环系统 (6.8) 在所设计的事件触发的 H_∞ 状态反馈控制下是指数稳定的, 且具有 H_∞ 扰动衰减性能 $\tilde{\gamma} = 2.0995$.

$x_1(i,j)$

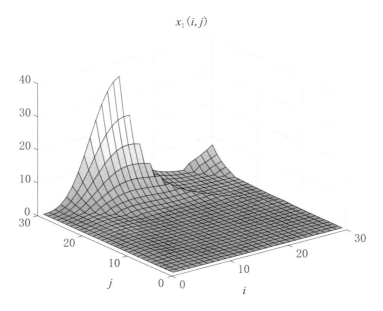

图 6.7 系统 (6.1) 的状态响应 $x_1(i,j)$

$x_2(i,j)$

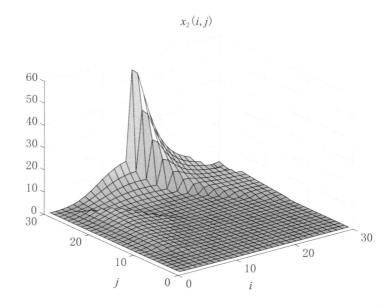

图 6.8 系统 (6.1) 的状态响应 $x_2(i,j)$

$x_1(i,j)$

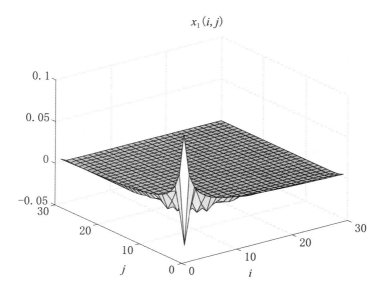

图 6.9　系统 (6.8) 的状态响应 $x_1(i,j)$

$x_2(i,j)$

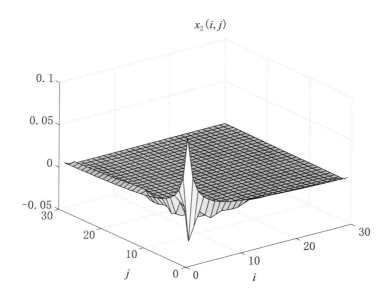

图 6.10　系统 (6.8) 的状态响应 $x_2(i,j)$

小　结

　　本章研究了 2D 切换 FMLSS 系统的事件触发异步控制问题. 首先, 在异步切换情况下, 利用平均停留时间, 给出了 2D 切换系统事件触发稳定的充分条件. 其次, 给出了事件触发 H_∞ 控制的充分条件; 同时, 利用 LMI 设计了事件触发反馈控制器. 最后, 给出了两个数值算例, 验证了本章所提方法的有效性. 从本章的结果可以得到事件触发同步切换的结果.

第 7 章　总结与展望

7.1　总　　结

2D 系统在诸如图像处理、地震数据处理、信号滤波、热过程等很多实际工程领域中, 有着广泛的应用. 在切换系统运行过程中, 切换规则起着重要的作用, 因而切换律的设计是研究 2D 离散切换系统的关键问题. 本书研究了 2D 离散系统的有限区域有界性和耗散性, 以及 2D 离散切换系统的耗散性、有限区域稳定性和 H_∞ 控制与 H_∞ 性能等问题. 分别利用斜割直线方法、驻留时间依赖的 Lyapunov 函数方法、驻留时间方法和最大最小驻留时间方法, 给出了上述问题可解性的充分条件. 具体的主要研究工作归纳如下:

1. 2D 离散 Roesser 模型的有限区域耗散控制问题

针对 2D 离散 Roesser 模型, 主要研究了其有限区域有界性、有限区域耗散性和有限区域耗散控制问题. 首先提出了该系统的有限区域 (Q, S, R)-γ-耗散性定义. 利用斜割直线的方法, 给出了 2D 离散 Roesser 模型的一个新的有限区域有界性, 以及有限区域稳定性的充分条件. 与已有结果相比, 这个条件更类似于 1D 情形, 更直观, 形式更简单, 且更适用于后面的耗散性分析. 在此基础上, 提出了 2D 离散 Roesser 模型的有限区域 (Q, S, R)-γ-耗散性, 以及设计有限区域 (Q, S, R)-γ-耗散状态反馈的充分条件.

2. 2D 离散切换 FMLSS 模型的耗散控制问题

针对 2D 离散切换 FMLSS 模型, 解决了其耗散控制问题. 利用所提出的驻留时间依赖的 Lyapunov 函数方法, 得到了 2D 离散切换 FMLSS 模型渐近稳定性的一个新的充分条件. 通过考虑该系统在三角形区域上的 (Q, S, R)-γ-耗散性定义, 给出了该系统渐近稳定性和 (Q, S, R)-γ-耗散性的充分条件. 最后, 设计了驻留时间依赖的耗散状态反馈控制器, 实现了 2D 离散切换系统的镇定.

3. 2D 离散切换 FMLSS 模型的有限区域异步切换控制问题

考虑了 2D 离散切换 FMLSS 模型的有限区域异步切换镇定和 H_∞ 控制问

题. 当系统不存在扰动时, 通过考虑异步切换, 利用驻留时间依赖的方法, 设计了有限区域模态依赖的状态反馈控制器, 实现了 2D 离散切换 FMLSS 模型的有限区域镇定. 当系统存在外部扰动时, 利用类似的方法解决了 2D 异步切换系统的有限区域 H_∞ 控制问题, 设计了有限区域 H_∞ 模态依赖的状态反馈控制器, 使得 2D 异步切换系统是有限区域有界的, 并满足 H_∞ 扰动衰减性能.

4. 2D 离散切换 FMLSS 模型的 H_∞ 性能问题

针对 2D 离散切换 FMLSS 模型, 当所有子系统都是稳定子系统时, 利用最大最小驻留时间方法, 首先给出了 2D 离散切换系统指数稳定的充分条件, 然后给出了该系统指数稳定且有一个指定的非加权的 H_∞ 性能指标的充分条件. 当稳定子系统和不稳定子系统共存时, 使用类似的方法, 设计了可容许的切换律, 得到了这类系统指数稳定的充分条件, 以及指数稳定且具有非加权的 H_∞ 性能指标的充分条件.

5. 2D 离散切换 FMLSS 模型的事件触发控制问题

针对 2D 离散切换 FMLSS 模型, 利用平均停留时间方法, 研究了事件触发异步控制问题. 考虑了 2D 异步切换系统事件触发的稳定性和 H_∞ 控制问题, 首先给出了事件触发稳定的基于 LMI 的充分条件, 然后给出了事件触发 H_∞ 控制的充分条件, 最后导出了相应事件触发的状态反馈控制器可解的充分条件.

7.2 展　　望

2D 切换系统是 2D 系统中的一类重要系统, 它在诸如图像处理、地震数据处理、信号滤波、热过程等很多实际的工程领域中有着广泛的应用, 近年来受到了国内外学者的青睐. 但是由于切换规则的复杂性, 2D 切换系统的研究并不完善, 还有许多问题需要进一步研究.

1. 切换律及控制器的设计

(1) 切换律包含时间依赖的切换律和状态依赖的切换律, 本书所考虑的 2D 离散切换系统, 采用的都是时间依赖的切换律. 今后可以考虑状态依赖的切换律.

(2) 本书所设计的控制器都是状态反馈控制器, 后续可以考虑将其推广至输出反馈控制.

2. 2D 系统的有限区域控制问题

(1) 关于 2D 离散系统的有限区域问题, 本书只研究了 2D 离散 Roesser 模型的有限区域耗散性. 今后可以考虑 2D 离散 Roesser 模型的有限区域 H_∞ 性能问题、2D 离散 FMLSS 模型的有限区域耗散性、H_∞ 控制及滤波问题, 以及 2D 离散切换系统的有限区域耗散性等问题.

(2) 关于 2D 离散切换系统的有限区域稳定性及综合问题的研究, 本书只考虑了加权的 H_∞ 性能, 还没有找到合适的方法去解决非加权的 H_∞ 性能问题. 所以如何设计异步切换下的切换律, 使得系统有限区域稳定且满足非加权的 H_∞ 性能, 是一个值得研究的问题. 另外, 由于暂态性在实际工程领域中的重要性, 值得研究一些复杂的 2D 切换系统, 诸如 2D 奇异切换系统、2D 随机切换系统和 2D 时滞切换系统的暂态性能等.

3. 寻求保守性更低的判别条件

本书所得到的结果都是充分条件, 存在一定的保守性, 如何降低保守性是今后研究中需要考虑的.

4. 2D 非线性切换系统的研究

目前, 对 2D 非线性切换系统的研究还处于萌芽阶段, 输入到状态稳定性也只出现在 1D 系统中, 还没有出现在 2D 系统中. 在 2D 系统中, 如何给出系统的输入到状态稳定性的概念十分重要, 这关系到后续研究输入到状态稳定性判据工作的开展. 因此, 2D 系统的输入到状态稳定性是一个具有挑战性的研究课题.

参 考 文 献

[1]   Lin Z. Feedback stabilization of MIMO 3-D linear systems[J]. IEEE Transactions on Automatic Control, 1999, 44(10): 1950-1955.

[2]   Shaker H R, Shaker F. Lyapunov stability for continuous-time multidimensional nonlinear systems[J]. Nonlinear Dynamics, 2013, 75(4): 717-724.

[3]   Roesser R. A discrete state-space model for linear image processing[J]. IEEE Transactions on Automatic Control, 1975, 20(1): 1-10.

[4]   Kaczorek T. Two-Dimensional Linear Systems[M]. Berlin: Springer-Verlag, 1985.

[5]   杨成梧, 邹云. 2D 线性离散系统[M]. 北京: 国防工业出版社, 1995.

[6]   Fornasini E, Marchesini G. Doubly indexed dynamical systems: state-space models and structural properties[J]. Mathematical Systems Theory, 1978, 12(1): 59-72.

[7]   Attasi S. Systems Lineaires Homogenes a Deux Indices[M]. Rapport Laboria, 1973.

[8]   Kurek J E. The general state-space model for a two-dimensional linear digital system[J]. IEEE Transactions on Automatic Control, 1985, 30(6): 600-602.

[9]   Benzaouia A, Hmamed A, Tadeo F. Two-Dimensional Systems: From Introduction to State of the Art[M]. Berlin: Springer Publishing Company, Incorporated, 2015.

[10]   Wang L, Wang W, Zhang G, et al. Generalised Kalman Yakubovich Popov lem with its application in finite frequency positive realness control for two-dimensional continuous-discrete systems in the Roesser model form[J]. IET Control Theory Applications, 2015, 9(11): 1676-1682.

[11]   Hua D, Wang W, Yao J. Finite-region dissipative control for 2-D systems in the Roesser model[J]. International Journal of Systems Science, 2018, 49(16): 3406-3417.

[12]   Duan Z, Shen J, Chous I, et al. H_∞ filtering for discrete-time 2D T-S fuzzy systems with finite frequency disturbances[J]. IET Control Theory & Applications, 2019, 13(13): 1983-1994.

[13]   Yang R, Zheng W X. H_∞ filtering for discrete-time 2D switched system: an extended average dwell time approach[J]. Automatica, 2018, 98: 302-313.

[14]   Yang R, Zheng W X. Model transformation based sliding mode control of discrete-time two-dimensional Fornasini-Marchesini systems[J]. Journal of the Franklin Institute, 2019, 356(5): 2463-2473.

[15] Yang R, Li L, Shi P. Dissipativity-based two-dimensional control and filtering for a class of switched systems[J]. IEEE Transactions on Systems, Man, and Cybernetics: Systems, 2021, 51(5): 2737-2750.

[16] Li Z, Gao H, Agarwal R, et al. H_∞ control of switched delayed systems with average dwell time[J]. International Journal of Control, 2013, 86(12): 2146-2158.

[17] Xiang W, Xiao J, Zhai G. Dissipativity and dwell time specifications of switched discrete-time systems and its applications in H_∞ and robust passive control[J]. Information Sciences, 2015, 320: 206-222.

[18] Bishop B E, Spong M W. Control of redundant manipulators using logic-based switching[C]// Proceedings of 37th IEEE Conference on Decision and Control, 1998, 2: 1488-1493.

[19] Zhang W, Branicky M S, Phillips S M. Stability of networked control systems[J]. IEEE Control Systems Magazine, 2001, 21(1): 84-99.

[20] Yin Y, Zhao X, Zheng X. New Stability and stabilization conditions of switched systems with mode-dependent average dwell time[J]. Circuits, Systems, and Signal Processing, 2017, 36(1): 82-98.

[21] Li Q, Dong Y, Wang L, et al. Asymptotic mean-square boundedness of the numerical solutions for stochastic complex-valued neural networks with jumps[J]. Mathematical Methods in the Applied Sciences, 2022, 45(11): 6918-6934.

[22] Jiang B, Shen Q, Shi P. Neural-networked adaptive tracking control for switched nonlinear pure-feedback systems under arbitrary switching[J]. Automatica, 2015, 61: 119-125.

[23] Li Z, Gao H, Karimi H. Stability analysis and H_∞ controller synthesis of discrete-time switched systems with time delay[J]. Systems & Control Letters, 2014, 66: 85-93.

[24] Wu C, Liu X. External stability of switching control systems[J]. Systems & Control Letters, 2017, 106: 24-31.

[25] Zhu H, Li P, Li X, et al. Input-to-state stability for impulsive switched systems with incommensurate impulsive switching signals[J]. Communications in Nonlinear Science and Numerical Simulation, 2020, 80: 104969.

[26] Zhao X, Hao C, Zhang Z, et al. Dynamic event-triggered H_∞ control on nonlinear asynchronous switched system with mixed time-varying delays[J]. Journal of the Franklin Institute, 2022, 359: 520-555.

[27] Matteo D R, Aneel T. Instability of dwell-time constrained switched nonlinear systemss[J]. Systems & Control Letters, 2022, 162: 105164.

[28] Chung Lo W, Wang L, Li B. Thermal transistor: heat flux switching and modulating[J]. Journal of the Physical Society of Japan, 2008, 77(5): 1-4.

[29] Yang R, Yu Y. Event-triggered control of discrete-time 2D switched Fornasini-Marchesini systems[J]. European Journal of Control, 2018, 48: 42-51.

[30] Hua D, Wang W, Yao J, et al. Non-weighted H_∞ performance for 2-D FMLSS switched system with maximum and minimum dwell time[J]. Journal of the Franklin Institute, 2019, 356(11): 5729-5753.

[31] Tian D, Liu S, Wang W. Global exponential stability of 2D switched positive nonlinear systems described by the Roesser model[J]. International Journal of Robust and Nonlinear Control, 2019, 29(7): 2272-2282.

[32] Fan Y, Wang M, Fu H, et al. Quasi-time-dependent H_∞ filtering of discrete-time 2-D switched systems with mode-dependent persistent dwell-time[J]. Circuits, Systems, and Signal Processing, 2021, 40: 5886-5912.

[33] Wang J, Liang J, Zhang C T, et al. Robust dissipative filtering for impulsive switched positive systems described by the Fornasini-Marchesini second model[J]. Journal of the Franklin Institute, 2022, 359(1): 123-144.

[34] Lu W S, Antoniou A. Two-Dimensinal Digital Filters[M]. New York: Marcel Dekker, 1992.

[35] Kaczorek T. Reachability and controllability of 2D Roesser model with bounded inputs[J]. IEEE International Symposium on Industrial Electronics, 1996, 1: 135-139.

[36] Kar H, Singh V. Robust stability of 2D discrete systems described by the Fornasini-Marchesini second model employing quantization/overflow nonlinearities[J]. IEEE Transactions on Circuits & Systems Ⅱ, 2004, 51(11): 598-602.

[37] Hu G, Liu M. Simple criteria for stability of two-dimensional linear systems[J]. IEEE Transactions on Signal Processing, 2005, 53(12): 4720-4723.

[38] Bistritz Y. On testing stability of 2D discrete systems by a finite collection of 1D stability tests[J]. IEEE Transactions on Circuits & Systems Ⅰ, 2002, 49(11): 1634-1638.

[39] Bistritz Y. Testing stability of of 2D discrete systems by a set of real 1D stability tests[J]. IEEE Transactions on Circuits & Systems Ⅰ, 2004, 51(7): 1312-1320.

[40] Fu P, Chen J, Niculescu S I. Generalized eigenvalue-based stability tests for 2D linear systems: necessary and sufficient conditions[J]. Automatica, 2006, 42(9): 1569-1576.

[41] Trinh H, Fernando T. Some new stability conditions for two-dimensional difference systems[J]. International Journal of Systems Science, 2000, 31(2): 203-211.

[42] Paszke W, Lam J, Galkowski K. Robust stability and stabilisation of 2D discrete state-delayed systems[J]. Systems & Control Letters, 2004, 51(3): 277-291.

[43] Hinamoto T. Stability of 2D discrete systems described by the Fornasini-Marchesini second model[J]. IEEE Transactions on Circuits and Systems Ⅰ, 1996, 44(3): 89-92.

[44] Anderson B, Agathoklis P, Jury E, et al. Stability and the matrix Lyapunov equation for discrete 2D systems[J]. IEEE Transactions on Circuits and Systems, 1986, 33(3): 261-266.

[45] Hinamoto T. 2D Lyapunov equation and filter design based on Fornasini-Marchesini

second model[J]. IEEE Transactions on Circuits and Systems I , 1993, 40(2):102-110.

[46] Wu W. On a Lyapunov approach to stability analysis of 2D digital filters[J]. IEEE Transactions on Circuits and Systems I , 1994, 41(10): 665-669.

[47] Kar H, Singh V. Stability of 2D systems described by the Fornasini-Marchesini first model[J]. IEEE Transactions on Signal Processing, 2003, 51(6): 1675-1676.

[48] Kar H. A new sufficient condition for the global asymptotic stability of 2D state-space digital filters with saturation arithmetic[J]. Signal Processing, 2008, 88(1): 86-98.

[49] Bachelier O, Paszke W, Yeganefar N, et al. LMI stability conditions for 2D Roesser models[J]. IEEE Transactions on Automatic Control, 2016, 61(3): 766-770.

[50] Hien L V, Trinh H. Stability of two-dimensional Roesser systems with time-varying delays via novel 2D finite-sum inequalities[J]. IET Control Theory & Applications, 2016, 10(14): 1665-1674.

[51] Hien L V, Trinh H M. Stability analysis of two-dimensional Markovian jump state-delayed systems in the Roesser model with uncertain transition probabilities[J]. Information Sciences, 2016, 368: 403-417.

[52] Benzaouia A, Hmamed A, Tadeo F, et al. Stabilisation of discrete 2D time switching systems by state feedback control[J]. International Journal of Systems Science, 2011, 42(3): 479-487.

[53] Xiang Z, Huang S. Stability analysis and stabilization of discrete-time 2D switched systems[J]. Circuits, Systems, and Signal Processing, 2013, 32(1): 401-414.

[54] Wu L, Yang R, Shi P, et al. Stability analysis and stabilization of 2-D switched systems under arbitrary and restricted switchings[J]. Automatica, 2015, 59: 206-215.

[55] Duan Z, Xiang Z, Karimi H R. Delay-dependent exponential stabilization of positive 2D switched state-delayed systems in the Roesser model[J]. Information Sciences, 2014, 272: 173-184.

[56] Ghous I, Xiang Z. H_∞ stabilization of 2-D discrete switched delayed systems represented by the Roesser model subject to actuator saturation[J]. Transactions of the Institute of Measurement and Control, 2015, 37(10): 1242-1253.

[57] Xu L, Zhu Q. Stability analysis of 2D switched systems with multiplicative noise under arbitrary and restricted switching signals[J]. International Journal of Systems Science, 2018, 50(10): 1-12.

[58] Zhu L, Feng G. Stability analysis of two-dimensional switched systems with unstable subsystems[C]// The 30th Chinese Control Conference (CCC), 2011: 1777-1782.

[59] Kamenkov G V. On stability of motion over a finite interval of time[J]. Journal of Applied Mathematics and Mechanics, 1953, 17: 529-540.

[60] Dorato P. Short-time stability in linear time-varying systems[C]// Proceedings of the IRE International Convention Record Part 4, 1961: 83-87.

[61] Dorato P. Short-time stability[J]. IEEE Transactions on Automatic Control, 1961,

6(1): 86-86.

[62] Moulay E, Perruquetti W. Finite time stability conditions for non-autonomous continuous systems[J]. International Journal of Control, 2008, 81(5): 797-803.

[63] Nersesov S G, Haddad W M. Finite-time stabilization of nonlinear impulsive dynamical systems[J]. Nonlinear Analysis: Hybrid Systems, 2008, 2(3): 832-845.

[64] Michel A, Wu S. Stability of discrete-time systems over a finite interval of time[J]. International Journal of Control, 1969, 9(5): 679-694.

[65] Dorato Q, Abdallah C, Famularo D. Robust finite-time stability design via linear matrix inequalities[C]// Proceedings of the 36th IEEE Conference on Decision and Control. San Diego, California, 1997: 1305-1306.

[66] Amato F, Ariola M, Dorato P. Finite-time control of linear systems subject to parametric uncertainties and disturbances[J]. Automatica, 2001, 37(9): 1459-1463.

[67] Amato F, Ariola M. Finite-time control of discrete-time linear systems[J]. IEEE Transactions on Automatic Control, 2005, 50(5): 724-729.

[68] Amato F, Ariola M, Cosentino C. Finite-time stability of linear time-varying systems: analysis and controller design[J]. IEEE Transactions on Automatic Control, 2010, 55(4): 1003-1008.

[69] Lin X, Du H, Li S. Finite-time boundedness and l_2-gain analysis for switched delay systems with norm-bounded disturbance[J]. Applied Mathematics & Computation, 2011, 217(12): 5982-5993.

[70] Tan F, Zhou B, Duan G R. Finite-time stabilization of linear time-varying systems by piecewise constant feedback[J]. Automatica, 2016, 68(C): 277-285.

[71] Zhao S, Sun J, Liu L. Finite-time stability of linear time-varying singular systems with impulsive effects[J]. International Journal of Control, 2008, 81(11): 1824-1829.

[72] Ambrosino R, Calabrese F, Cosentino C, et al. Sufficient conditions for finite-time stability of impulsive dynamical systems[J]. IEEE Transactions on Automatic Control, 2009, 54(4): 861-865.

[73] Amato F, Carannante G, Tommasi G D, et al. Input-output finite-time stability of linear systems: necessary and sufficient conditions[J]. IEEE Transactions on Automatic Control, 2012, 57(12): 3051-3063.

[74] Amato F, Tommasi G D, Pironti A. Necessary and sufficient conditions for finite-time stability of impulsive dynamical linear systems[J]. Automatica, 2013, 49: 2546-2550.

[75] Lin X, Du H, Li S, et al. Finite-time boundedness and finite-time l_2 gain analysis of discrete-time switched linear systems with average dwell time[J]. Journal of the Franklin Institute, 2013, 350(4): 911-928.

[76] Song J, Niu Y, Zou Y. Robust finite-time bounded control for discrete-time stochastic systems with communication constraint[J]. IET Control Theory and Applications, 2015, 9(13): 2015-2021.

[77]   Zhang G, Wang W. Finite-region stability and boundedness for discrete 2-D Fornasini-Marchesini second models[J]. International Journal of Systems Science, 2016, 48(4): 778-787.

[78]   Zhang G, Wang W. Finite-region stability and finite-region boundedness for 2-D Roesser models[J]. Mathematical Methods in the Applied Sciences, 2016, 39(18): 5757-5769.

[79]   Zhang G, Trentelman H L, Wang W, et al. Input-output finite-region stability and stabilization for discrete 2D Fornasini-Marchesini models[J]. Systems & Control Letters, 2017, 99: 9-16.

[80]   Gao J, Wang W, Zhang G. Finite-time stability and control of 2D continuous-discrete systems in Roesser model[J]. Circuits, Systems, and Signal Processing, 2018, 37: 4789-4809.

[81]   Amato F, Cesarelli M, Cosentino C, et al. On the finite-time stability of two-dimensional linear systems[C]// IEEE International Conference on Networking. IEEE, 2017.

[82]   Hua D, Wang W, Yu W, et al. Finite-region stabilization via dynamic output feedback for 2D Roesser models[J]. Mathematical Methods in the Applied Sciences, 2018, 41(5): 2140-2151.

[83]   Wang J, Liang J. Robust finite-horizon stability and stabilization for positive switched FM-II model with actuator saturation[J]. Nonlinear Analysis: Hybrid Systems, 2020, 35: 100829.

[84]   Willems J. Dissipative dynamical systems part I : general theory[J]. Archive for Rational Mechanics and Analysis, 1972, 45(5): 321-351.

[85]   Hill D, Moylan P. The stability of nonlinear dissipative systems[J]. IEEE Transactions on Automatic Control, 1976, 21(5): 708-711.

[86]   Hill D J, Moylan P J. Dissipative dynamical systems: basic input-output and state properties[J]. Journal of the Franklin Institute, 1980, 309(5): 327-357.

[87]   Leon J I, Kouro S, Franquelo L G, et al. The essential role and the continuous evolution of modulation techniques for voltage-source inverters in the past, present, and future power electronics[J]. IEEE Transactions on Industrial Electronics, 2016, 63(5): 2688-2701.

[88]   Leon J I, Vazquez S, Franquelo L G. Multilevel converters: control and modulation techniques for their operation and industrial applications[C]// Proceedings of the IEEE, 2017, 105(11): 2066-2081.

[89]   Wu Z, Shi P, Su H, et al. Dissipativity analysis for discrete-time stochastic neural networks with time-varying delays[J]. IEEE Transactions on Neural Networks and Learning Systems, 2013, 24(3): 345-355.

[90]   Zhi Y L, He Y, Wu M, et al. New results on dissipativity analysis of singular systems

with time-varying delay[J]. Information Sciences, 2019, 479: 292-300.

[91] Tan Z, Soh Y C, Xie L. Dissipative control for linear discretetime systems[J]. Automatica, 1999, 35(9): 1557-1564.

[92] Xie S, Xie L, Souza C. Robust dissipative control for linear systems with dissipative uncertainty[J]. International Journal of Control, 1998, 70(2): 169-191.

[93] Li Z, Wang J, Shao H. Delay-dependent dissipative control for linear time-delay systems[J]. Journal of the Franklin Institute, 2002, 339(6): 529-542.

[94] Fu L, Ma Y. Dissipative control for singular time-delay system with actuator saturation via state feedback and output feedback[J]. International Journal of Systems Science, 2018, 49(3): 639-652.

[95] Feng Z, Lam J, Gao H. α-Dissipativity analysis of singular time-delay systems[J]. Automatica, 2011, 47(11): 2548-2552.

[96] Shi P, Su X, Li F. Dissipativity-based filtering for fuzzy switched systems with stochastic perturbation[J]. IEEE Transactions on Automatic Control, 2016, 61(6): 1694-1699.

[97] Feng Z, Lam J, Shu Z. Dissipative control for linear systems by static output feedback[J]. International Journal of Systems Science, 2013, 44(8): 1566-1576.

[98] Feng Z, Shi P. Two equivalent sets: application to singular systems[J]. Automatica, 2017, 77: 198-205.

[99] Shen H, Park J H, Zhang L, et al. Robust extended dissipative control for sampled-data Markov jump systems[J]. International Journal of Control, 2014, 87(8): 1549-1564.

[100] Choi H D, Ahn C K, Shi P, et al. Dynamic output-feedback dissipative control for T-S fuzzy systems with time-varying input delay and output constraints[J]. IEEE Transactions on Fuzzy Systems, 2017, 25(3): 511-526.

[101] Shi P, Li F, Wu L, et al. Neural network-based passive filtering for delayed neutral-type semi-Markovian jump systems[J]. IEEE Transactions on Neural Networks and Learning Systems, 2017, 28(9): 2101-2114.

[102] Haddad W M, L'Afflitto A. Finite-time stabilization and optimal feedback control[J]. IEEE Transactions on Automatic Control, 2016, 61(4): 1069-1074.

[103] Wang S, Shi T, Zhang L, et al. Extended finite-time H_∞ control for uncertain switched linear neutral systems with time-varying delays[J]. Neurocomputing, 2015, 52: 377-387.

[104] Mathiyalagan K, Park Ju H, Sakthivel R. Finite-time boundedness and dissipativity analysis of networked cascade control systems[J]. Nonlinear Dynamics, 2016, 84(4): 2140-2149.

[105] Sakthivel R, Saravanakumar T, Kaviarasan B, et al. Finite-time dissipative based fault-tolerant control of Takagi-Sugeno fuzzy systems in a network environment[J]. Journal of the Franklin Institute, 2017, 353(8): 3430-3454.

[106] Song J, Niu Y, Wang S. Robust finite-time dissipative control subject to randomly

occurring uncertainties and stochastic fading measurements[J]. Journal of the Franklin Institute, 2017, 354(9): 3706-3723.

[107] Shi S, Fei Z, Li J. Finite-time H_∞ control of switched systems with mode-dependent average dwell time[J]. Journal of the Franklin Institute, 2016, 353(1): 221-234.

[108] Ahn C K, Shi P, Basin M V. Two-dimensional dissipative control and filtering for Roesser model[J]. IEEE Transactions on Automatic Control, 2015, 60(7): 1745-1759.

[109] Wang L, Chen W, Li L. Dissipative stability analysis and control of two-dimensional Fornasini-Marchesini local state-space model[J]. International Journal of Systems Science, 2017, 48(8): 1744-1751.

[110] Ahn C K, Kar H. Passivity and finite-gain performance for two-dimensional digital filters: the FMLSS model case[J]. IEEE Transactions on Circuits and Systems II: Express Briefs, 2015, 62(9): 871–875.

[111] Tao J, Wu Z G, Wu Y. Filtering of two-dimensional periodic systems subject to dissipativity[J]. Information Sciences, 2018, 460: 364-373.

[112] Tao J, Wu Z G, Su H, et al. Reliable control for two-dimensional systems subject to extended dissipativity[J]. IEEE Transactions on Systems, Man, and Cybernetics: Systems, 2018: 1-6.

[113] Yeganefar N, Yeganefar N, Ghamgui M, et al. Lyapunov theory for 2D nonlinear Roesser models: application to asymptotic and exponential stability[J]. IEEE Transactions on Automatic Control, 2013, 58(5): 1299-1304.

[114] Gao H, Lam J, Xu S, et al. Stability and stabilization of uncertain 2D discrete systems with stochastic perturbation[J]. Multidimensional Systems and Signal Processing, 2005, 16(1): 85-106.

[115] Bachelier O, Yeganefar N, Mehdi D, et al. On stabilization of 2D Roesser models[J]. IEEE Transactions on Automatic Control, 2017, 62(5): 2505-2511.

[116] Duan Z, Xiang Z. State feedback H_∞ control for discrete 2D switched systems[J]. Journal of the Franklin Institute, 2013, 350(6): 1513-1530.

[117] Shi S, Fei Z, Qiu J, et al. Quasi-time-dependent control for 2D switched systems with actuator saturation[J]. Information Sciences, 2017, 408: 115-128.

[118] Fei Z, Shi S, Zhao C, et al. Asynchronous control for 2-D switched systems with mode-dependent average dwell time[J]. Automatica, 2017, 79(3): 198-206.

[119] Shi S, Fei Z, Sun W, et al. Stabilization of 2D switched systems with all modes unstable via switching signal regulation[J]. IEEE Transactions on Automatic Control, 2018, 63(3): 857-863.

[120] Fei Z, Shi S, Wang Z, et al. Quasi-time-dependent output control for discrete-time switched system with mode-dependent average dwell time[J]. IEEE Transactions on Automatic Control, 2018, 63(8): 2647-2653.

[121] Petersen I R. Disturbance attenuation and H_∞ optimization: a design method based

on the algebraic Riccati equation[J]. IEEE Transactions on Automatic Control, 1987, 32: 427-429.

[122] Gahinet P, Apkarian P. A linear matrix inequality approach to H_∞ control[J]. International Journal of Robust and Nonlinear Control, 1994, 4: 421-448.

[123] Xu H, Zou Y, Lu J, et al. Robust H_∞ control for a class of uncertain nonlinear two-dimensional systems with state delays[J]. Journal of the Franklin Institute, 2005, 342(7): 877-891.

[124] Yang R, Xie L, Zhang C. Positive real control for uncertain two-dimensional systems[J]. Automatica, 2006, 42(9): 1507-1514.

[125] Li X, Gao H. Robust finite frequency H_∞ filtering for uncertain 2D Roesser systems[J]. Automatica, 2012, 48(6): 1163-1170.

[126] Ghous I, Xiang Z, Karimi H R. H_∞ control of 2D continuous Markovian jump delayed systems with partially unknown transition probabilities[J]. Information Sciences, 2017, 382-383(1): 274-291.

[127] Liang J, Wang Z, Liu X. H_∞ control for 2D time-delay systems with randomly occurring nonlinearities under sensor saturation and missing measurements[J]. Journal of the Franklin Institute, 2015, 352(3): 1007-1030.

[128] Du C, Xie L. H_∞ Control and Filtering of Two-Dimensional Systems[M]. New York: Springer, 2002.

[129] Xu H, Zou Y, Xu S, et al. Bounded real lem and rubust control of 2D singular Roesser models[J]. Systems & Control Letters, 2005, 54(4): 339-346.

[130] Gao H, Lam J, Xu S , et al. Stabilization and H_∞ control of two-dimensional Markovian jump systems[J]. IMA Journal of Mathematical Control & Information, 2004, 21(4): 377-392.

[131] Tuan H D, Apkarian P, Nguyen T Q, et al. Robust mixed H_2/H_∞ filtering of 2D systems[J]. IEEE Transactions on Signal Processing, 2002, 50(7): 1759-1771.

[132] Zhang L, Shi P. Stability, l_2-gain and asynchronous H_∞ control of discrete-time switched systems with average dwell time[J]. IEEE Transactions on Automatic Control, 2009, 54(9): 2192-2199.

[133] Wang D, Wang W, Shi P. Design on H_∞-filtering for discrete-time switched delay systems[J]. International Journal of Systems Science, 2011, 42(12): 1965-1973.

[134] Duan Z, Xiang Z. Output feedback H_∞ stabilization of 2D discrete switched systems in FMLSS model[J]. Circuits, Systems, and Signal Processing, 2014, 33(4): 1095-1117.

[135] Duan Z, Xiang Z, Karimi H R. Delay-dependent H_∞ control for 2D switched delay systems in the second FM model[J]. Journal of the Franklin Institute, 2013, 350(7): 1697-1718.

[136] Boyd S, El Ghaoui L, Balakrishnan V. Linear Matrix Inequalities in System and Control Theory[M]. SIAM: Philadelphia, 1994.

[137] Zhang L, Gao H. Asynchronously switched control of switched linear systems with average dwell time[J]. Automatica, 2010, 46(5): 953-958.

[138] Hespanha J P. Uniform stability of switched linear systems: extensions of lasalle's invariance principle[J]. IEEE Transactions on Automatic Control, 2004, 49(4): 470-482.

[139] Marszalek W. Two-dimensional state-space discrete models for hyperbolic partial differential equations[J]. Applied Mathematical Modelling, 1984, 8(1): 11-14.

[140] Wang J, Liang J, Zhang C T, et al. Event-triggered non-fragile control for uncertain positive Roesser model with PDT switching mechanism[J]. Applied Mathematics and Computation, 2021, 406: 126266.